DK

ASTRONOMICAL!

终极太空书

星际密码

英国DK公司 编著 孙正凡 译

中信出版集团 | 北京

图书在版编目（CIP）数据
DK 星际密码 / 英国 DK 公司编著 ; 孙正凡译 .
北京 : 中信出版社, 2025. 7. -- ISBN 978-7-5217
-7593-8
Ⅰ . P1-49
中国国家版本馆 CIP 数据核字第 2025WL6887 号

Original Title: Astronomical!: An Awesome Encounter with the Wonders of the Universe

DK 星际密码

编 著 者：英国 DK 公司
译　　者：孙正凡
出版发行：中信出版集团股份有限公司
（北京市朝阳区东三环北路 27 号嘉铭中心　邮编　100020）
承 印 者：惠州市金宣发智能包装科技有限公司

开　　本：889mm × 1194mm　1/12　印　张：14　字　数：350 千字
版　　次：2025 年 7 月第 1 版　印　次：2025 年 7 月第 1 次印刷
京权图字：01-2025-2126
审 图 号：GS京（2025）0840号 本书插图系原文插图
书　　号：ISBN 978-7-5217-7593-8
定　　价：138.00 元

图书策划：青少科普中心
审校专家：姜鹏　商佳乐
策划编辑：贾怡飞　高思宇
责任编辑：房阳
营销编辑：李晓瑜　贾鸣鹤　林雨萱
封面设计：谢佳静
内文排版：谢佳静　李艳芝

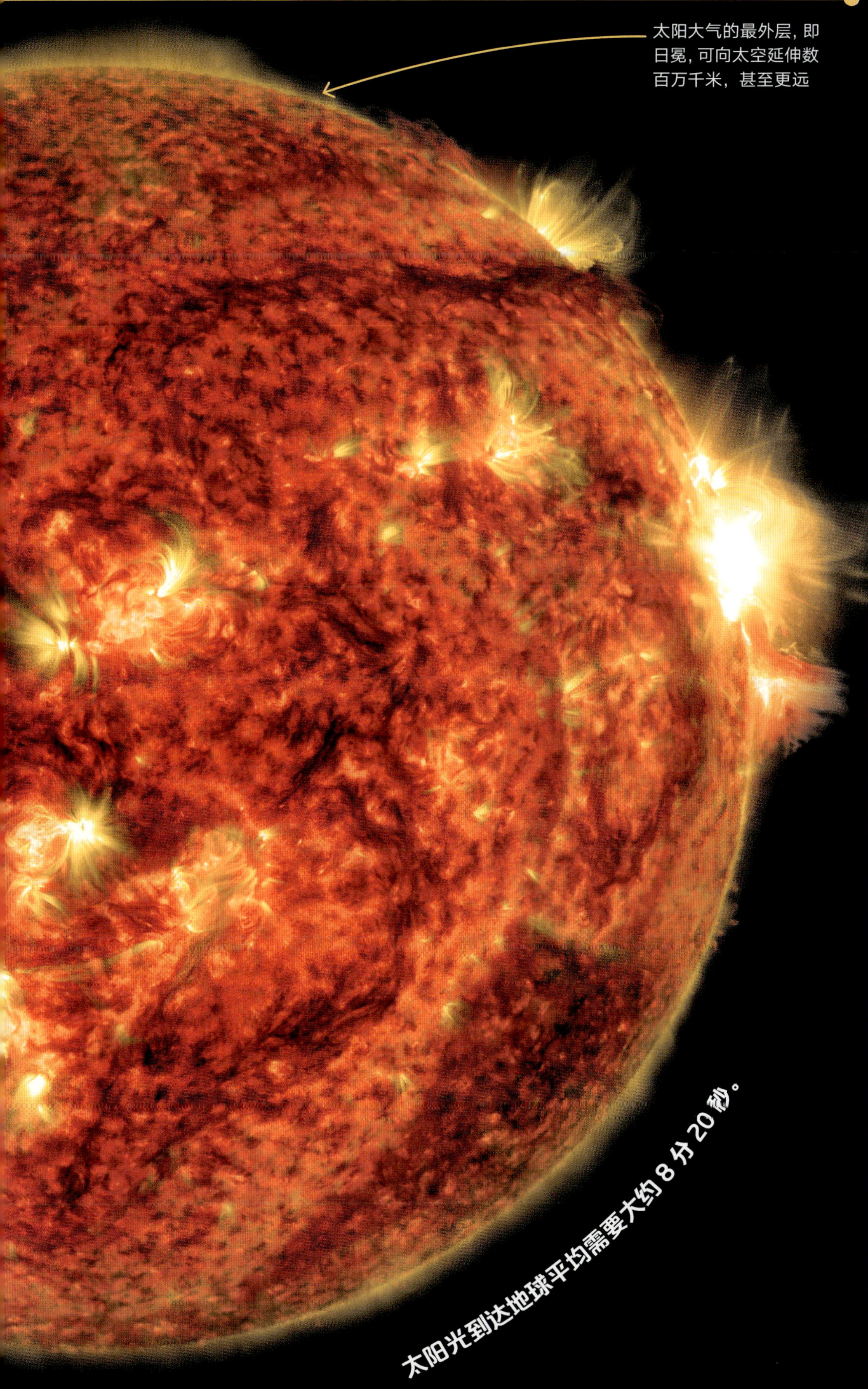

太阳大气的最外层，即日冕，可向太空延伸数百万千米，甚至更远

太阳光到达地球平均需要大约 8 分 20 秒。

直径

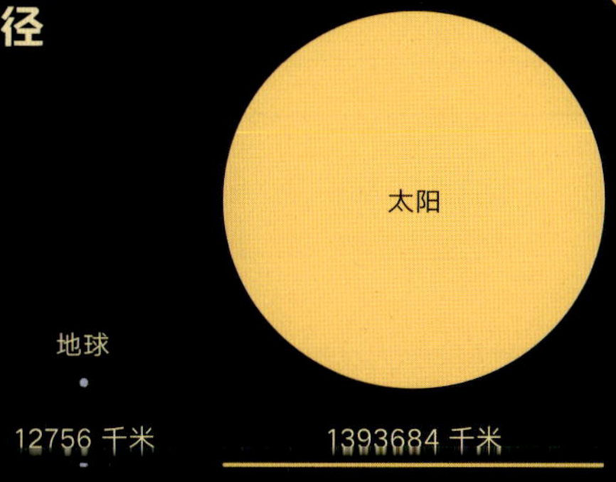

温度

表面温度 约 6000 摄氏度

核心温度 约 1500 万摄氏度

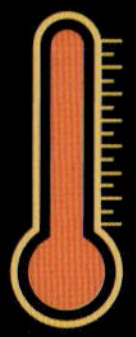

与地球的平均距离

约 1.5 亿千米

年龄

大约 46 亿年前，太阳从星云（一团巨大的尘埃和气体云）中诞生，而残余的星云物质变成了我们太阳系中的各个行星。

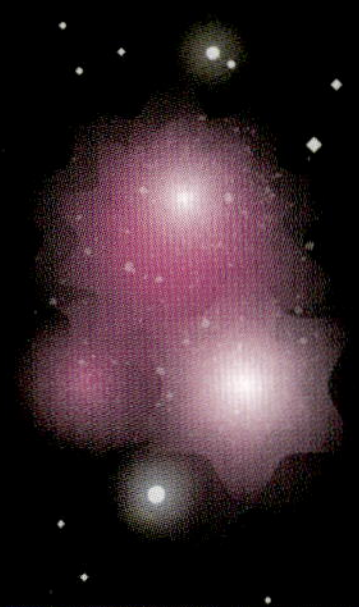

质量

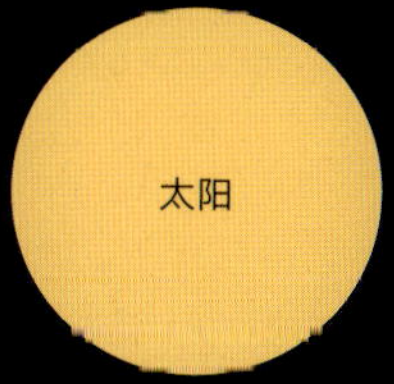

太阳的质量占太阳系总质量的 99.8%。

我们这颗恒星的结局

当太阳在大约 50 亿年后耗尽燃料时，它将变得极其巨大，成为一颗红巨星，吞噬掉水星和金星。然后，它的外层物质散逸，只留下一个核心，这个核心称为白矮星，白矮星最终会冷却消亡。

宇宙奇观

日全食是一种壮观的景象。大约每隔 18 个月，月球就会运行到地球和太阳中间、二者的连线上。令人惊叹的是，太阳的直径约是月球的 400 倍，日地距离恰好也是月地距离的 400 倍左右，所以当地球、月球与太阳排在一条直线上时，月球会完全挡住太阳的光线，形成日全食，持续期间，全食带（月球本影投射到地球的区域）会陷入黑暗，气温会下降，甚至一些鸟儿也会停止歌唱。

太阳“探险家”

帕克太阳探测器是速度最快的人造航天器。它是第一个穿越日冕的航天器，也是第一个致力于收集太阳图像的航天器。这个用太阳能供电的探测器与一辆小汽车相当，可以承受太阳的极端高温，以及无尽的太阳耀斑和辐射。它收集的数据将帮助科学家了解太阳如何影响空间天气及其对地球的影响。

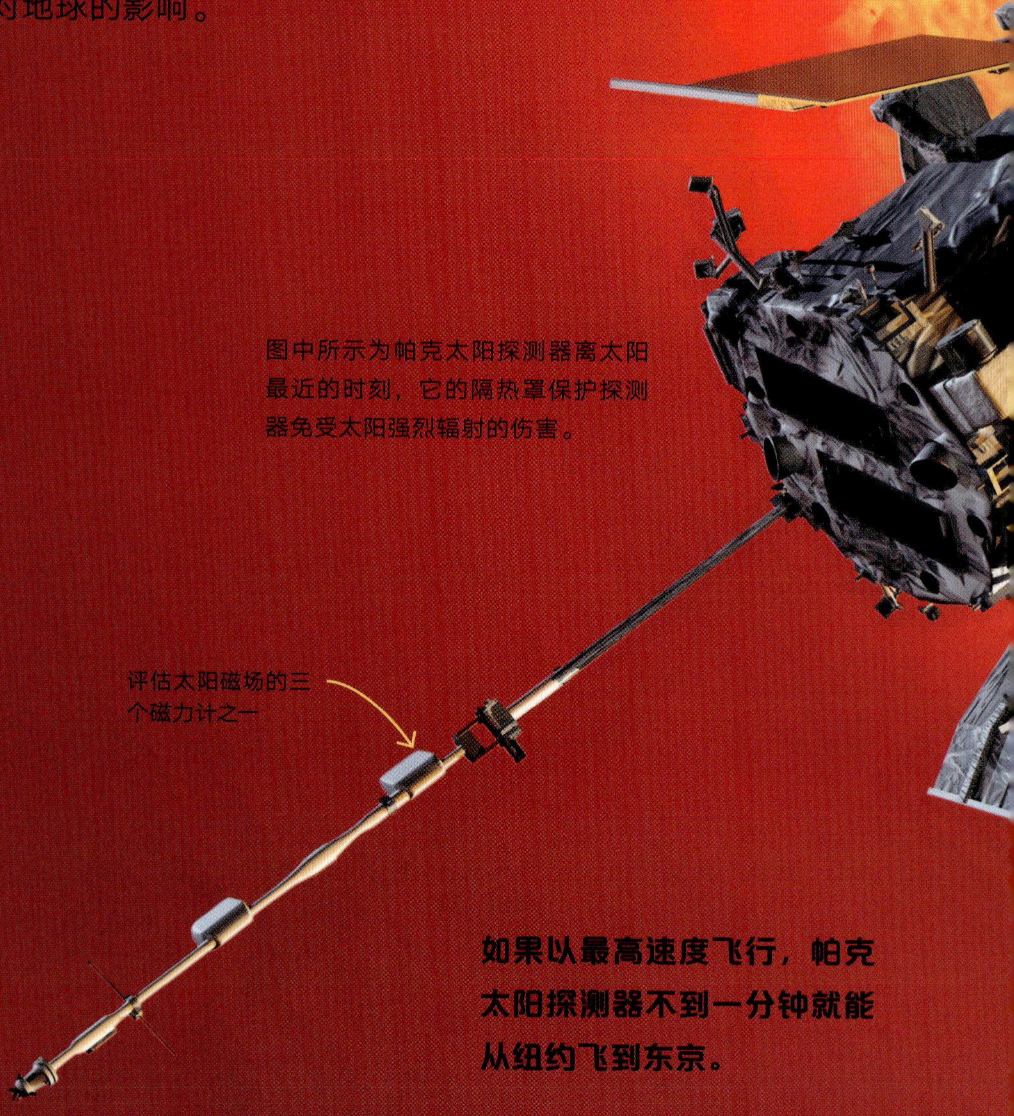

图中所示为帕克太阳探测器离太阳最近的时刻，它的隔热罩保护探测器免受太阳强烈辐射的伤害。

如果以最高速度飞行，帕克太阳探测器不到一分钟就能从纽约飞到东京。

发射日期

2018 年 8 月 12 日

任务预定持续时间

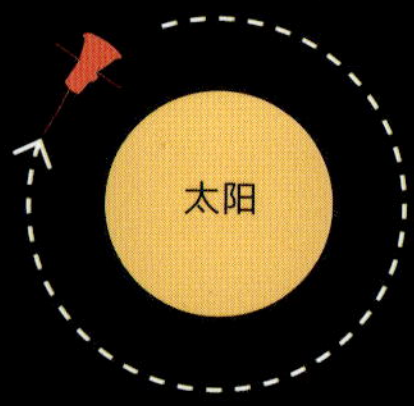

这项任务预定持续 7 年。帕克太阳探测器将总计环绕太阳 24 圈，每圈用时大约 88 天。

打破纪录

这架探测器飞近太阳进行观测，2024 年 12 月 24 日，它穿过太阳大气层，仅距离太阳表面约 610 万千米，仅为此前纪录的七分之一，那个纪录由美国航天局在 1974 年和 1976 年发射的两架太阳神探测器创造。

最高速度

200 千米 / 秒

太阳防护盾

隔热罩保护众多仪器不受太阳的伤害。这些仪器被保持在 29.5 摄氏度，而日冕温度可高达上百万摄氏度。

新发现

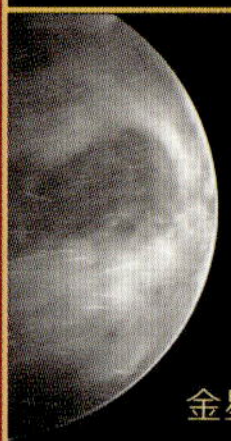

金星

帕克太阳探测器拍摄了彗星的图像，并第一次在可见光波段拍摄到金星表面的图像。

太阳科学家

探测器的名字是为了纪念美国科学家尤金・帕克。在 20 世纪 50 年代，帕克预言了太阳风的存在，还预言了行星际磁场的螺旋结构，现称帕克螺旋线。

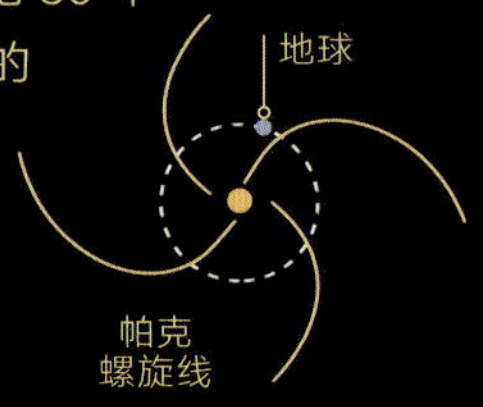

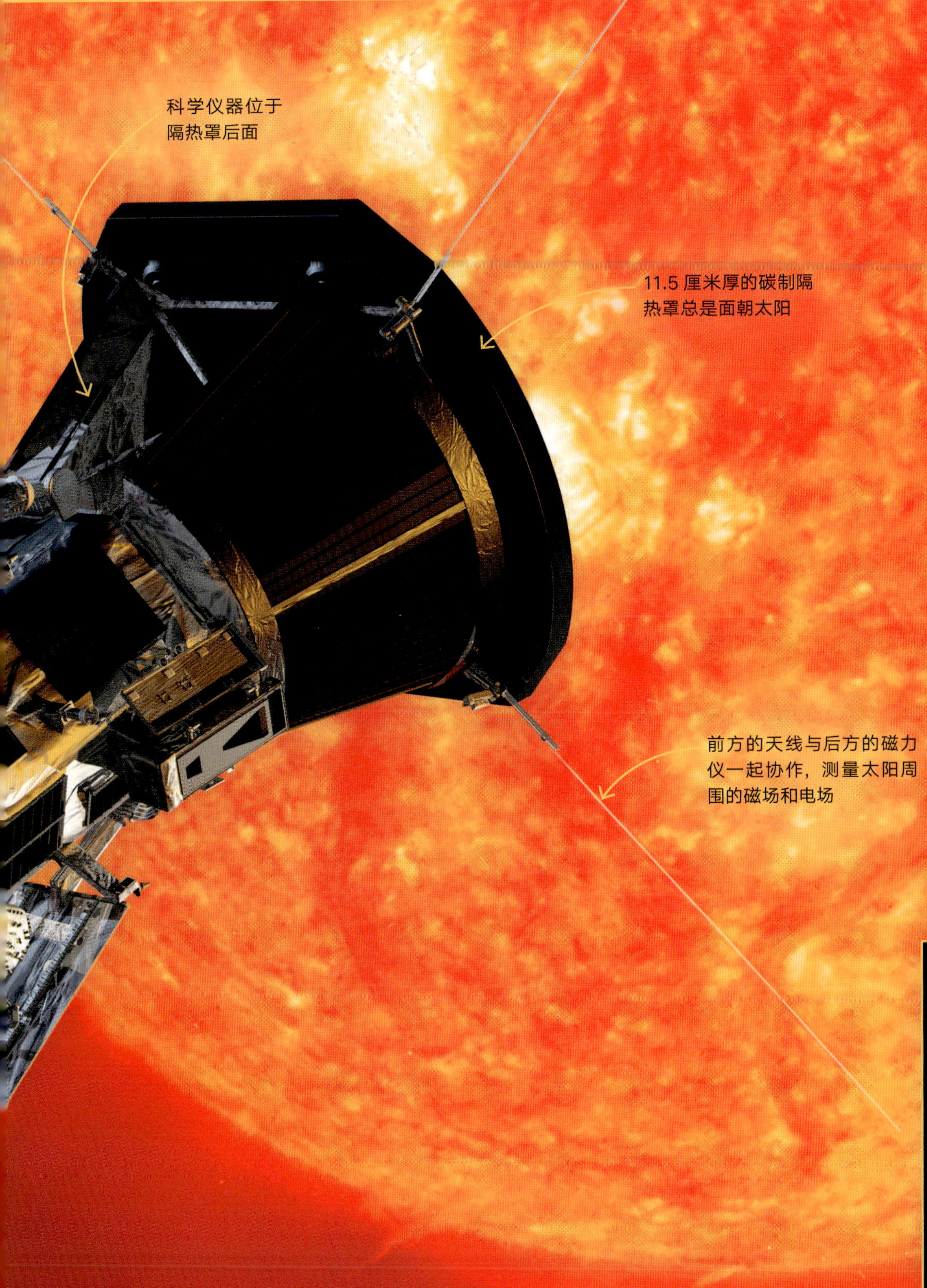

触摸太阳

2021 年，帕克太阳探测器首次穿过日冕，标志着人类探测器第一次“接触”太阳。这幅插图显示了帕克太阳探测器在日冕中飞行的场景，它在收集太阳风的信息，以求解开日冕极端高温之谜。

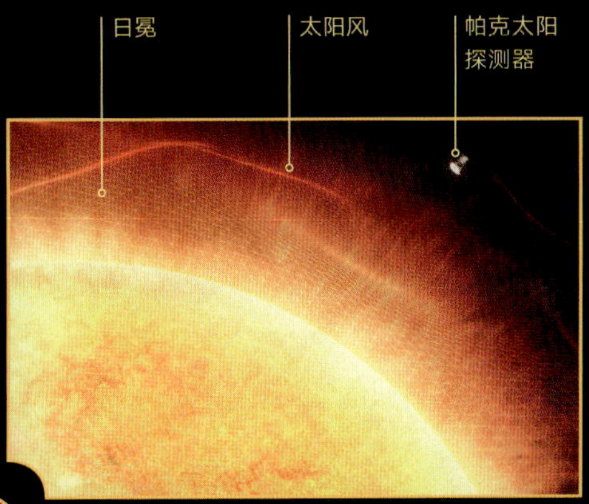

科学家花了 60 年时间来研发建造帕克太阳探测器所需的技术。

看见太阳

除了可见光——能用裸眼看到的光，太阳也会发出一些我们看不见的光，它们与可见光波长不同。科学家可以通过这些波长不同的光来研究太阳的各种特征。这幅被分成了30瓣的图中，引线所指橙色的一瓣是可见光下的太阳，顺时针依次是伪彩色显示的九瓣紫外波段的太阳，随后图案又从橙色开始重复两次。

其中一些空洞直径达 1600 米

信使号

2011 年至 2015 年，美国航天局的信使号水星探测器测绘了水星表面 99% 的地图。它在一些陨击坑中发现了被称为“空洞”的地貌，这表明水星曾经是一颗活跃的行星。它还在水星的两极地区发现了可能是水冰的物质，在表面发现了不寻常的黑色岩石，这些岩石可能是由石墨（碳）构成的。

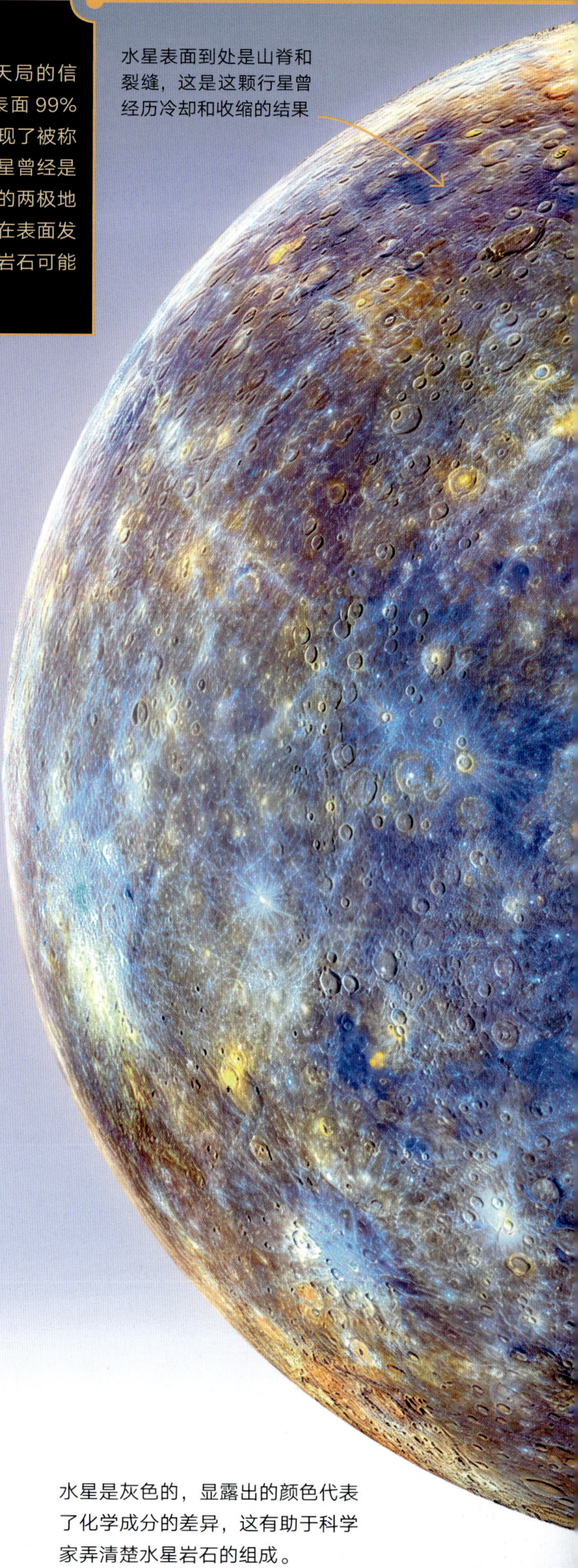

水星表面到处是山脊和裂缝，这是这颗行星曾经历冷却和收缩的结果

到处是坑洞的世界

水星是太阳系中运行速度最快的行星。它以 47 千米 / 秒的速度绕太阳公转，运行一周仅用 88 天，是太阳系行星中一年时间最短的。它只比地球的卫星月球稍大一点，是最小的行星，昼夜温差很大——白天酷热难耐，晚上寒冷刺骨。数十亿年来，水星频受陨星和彗星的撞击，变得伤痕累累。

水星自转非常慢，它的一天约为 59 个地球日。

科学家认为在水星黑暗的陨击坑底部可能存在水冰，因为阳光无法照射到那里。

水星是灰色的，显露出的颜色代表了化学成分的差异，这有助于科学家弄清楚水星岩石的组成。

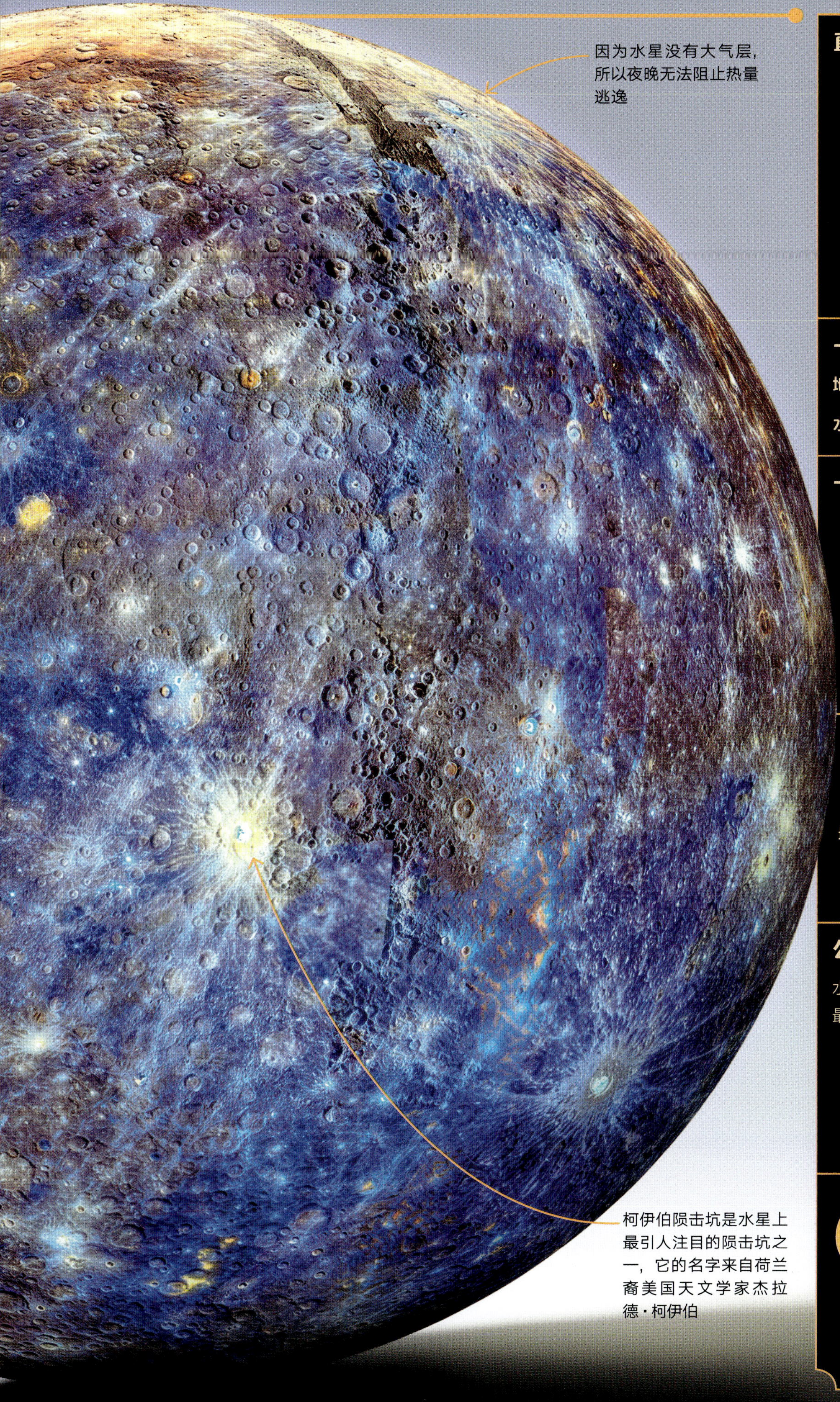

直径

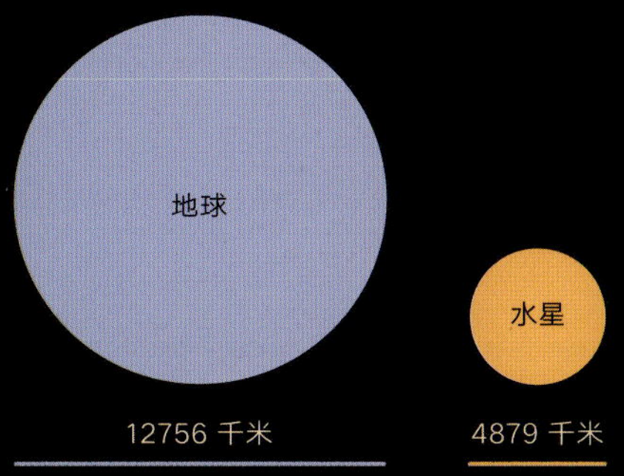

一年

地球 **365 天**

水星 **88 地球日**

一天

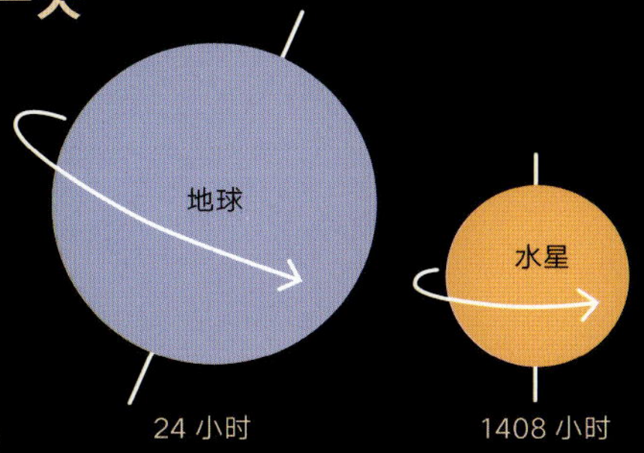

温度

最低温度 **零下 180 摄氏度**

最高温度 **430 摄氏度**

公转轨道

水星是太阳系所有行星里公转轨道半径最小的。

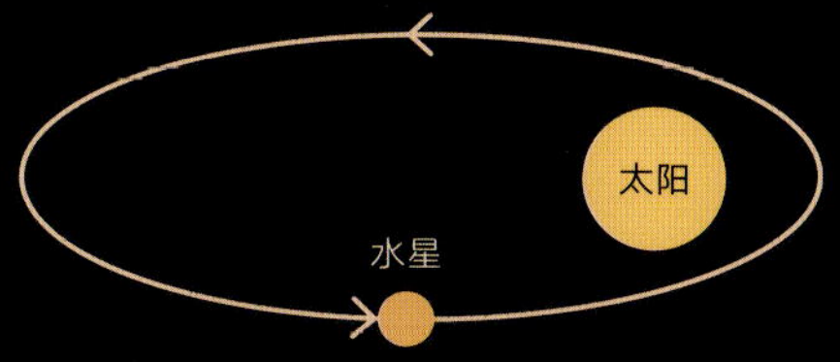

卫星

水星没有天然卫星，它的引力太弱，而且它离太阳太近了。

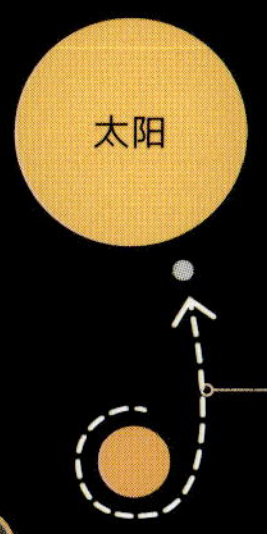

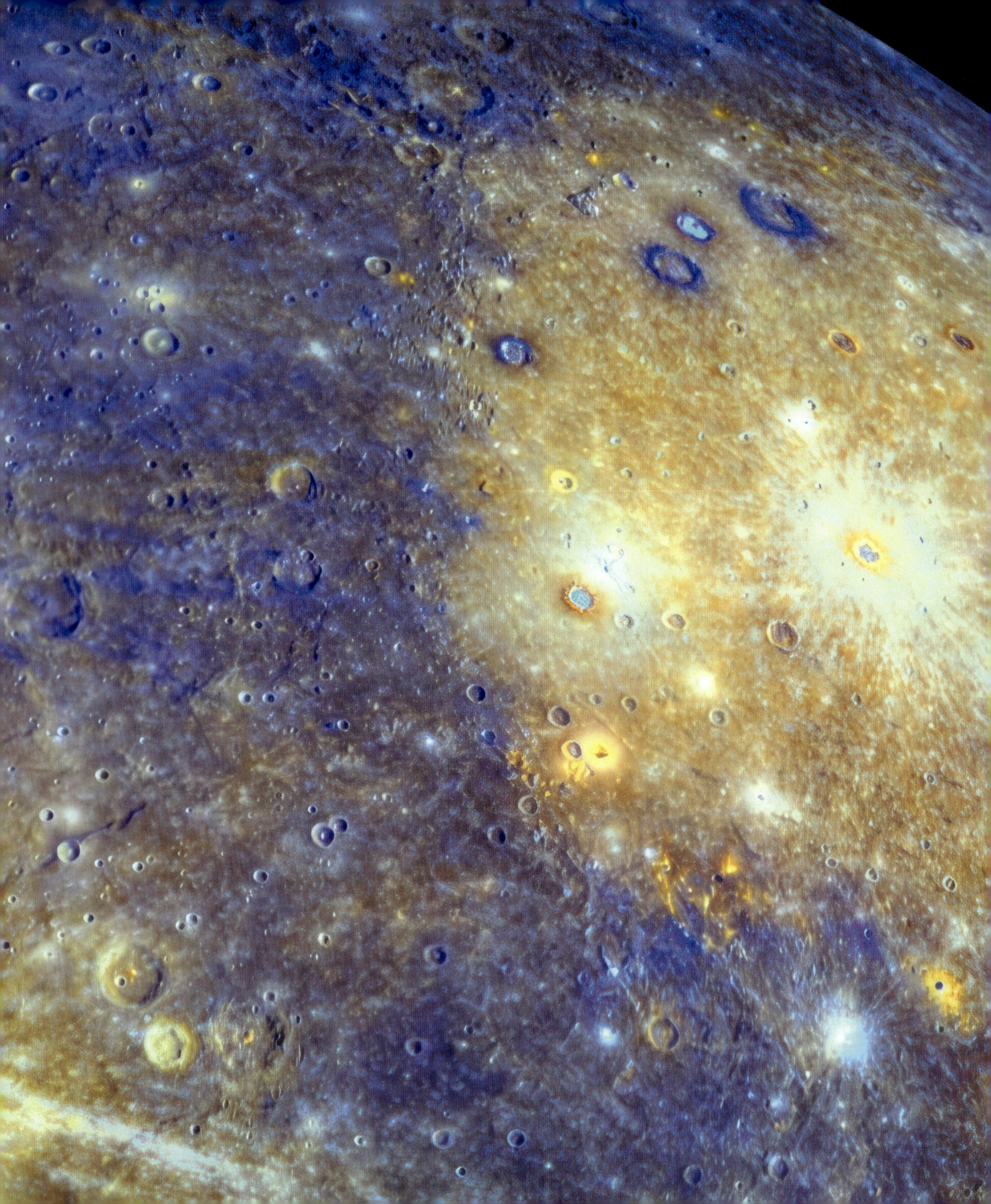

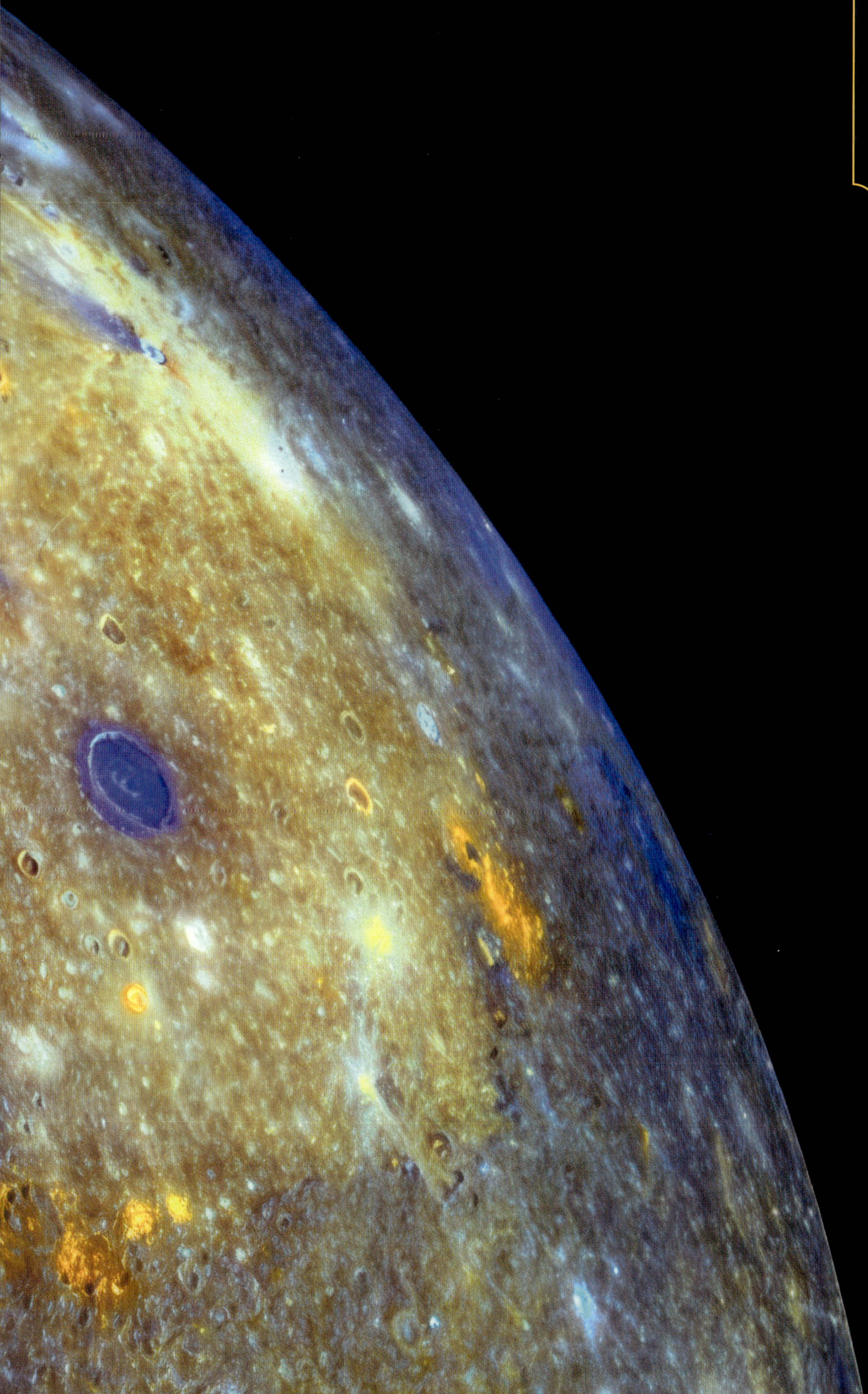

陨击坑

水星上有太阳系最大的陨击坑之一——卡路里盆地（在这张增强彩色图像中的黄橙色区域）。它宽 1525 千米，比美国的得克萨斯州还大，上面满是年轻的小陨击坑。卡路里盆地四周环山，那是形成这个陨击坑的猛烈碰撞中，小行星或彗星撞击产生的碎片落在周围形成的。

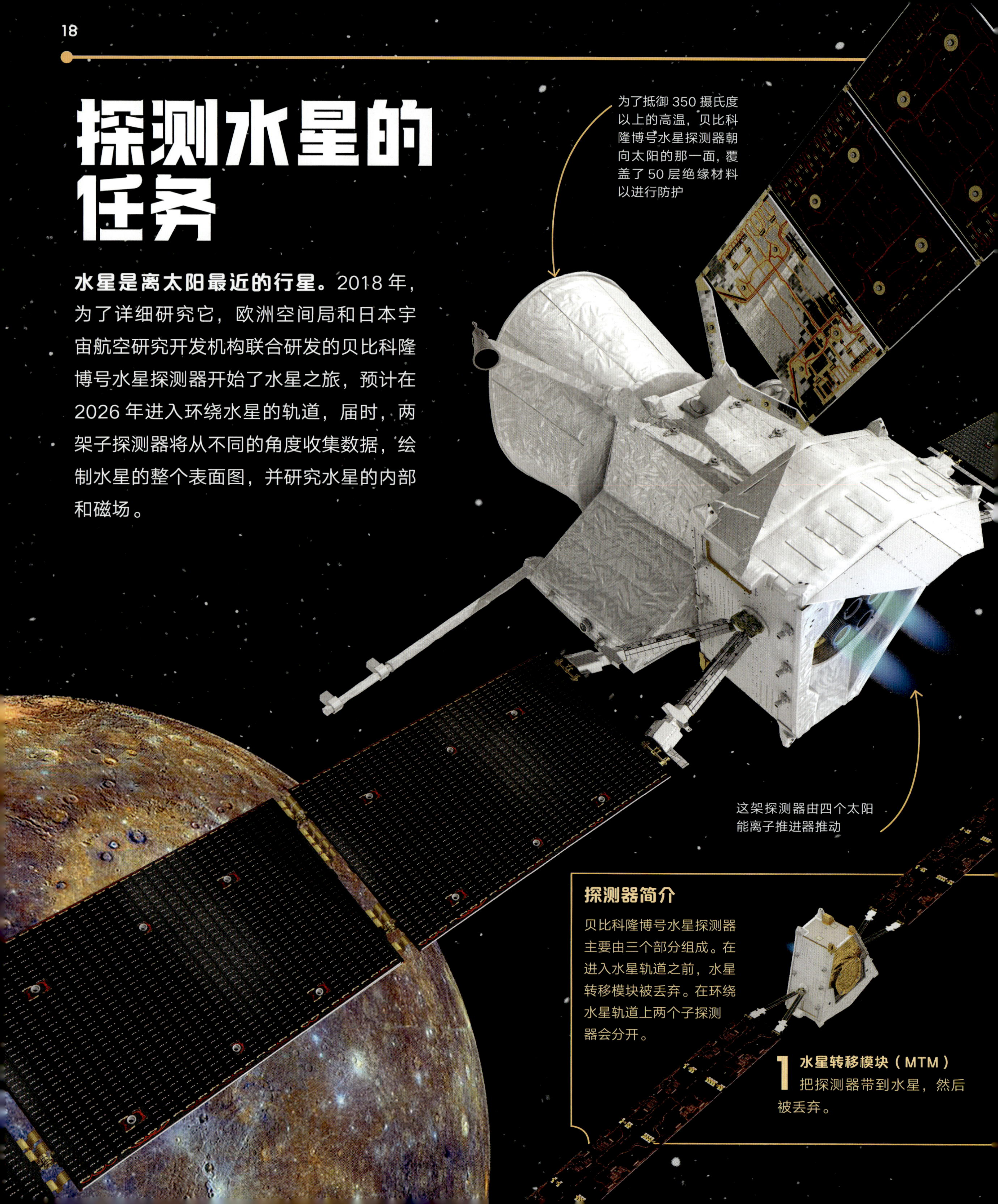

探测水星的任务

水星是离太阳最近的行星。2018 年，为了详细研究它，欧洲空间局和日本宇宙航空研究开发机构联合研发的贝比科隆博号水星探测器开始了水星之旅，预计在 2026 年进入环绕水星的轨道，届时，两架子探测器将从不同的角度收集数据，绘制水星的整个表面图，并研究水星的内部和磁场。

为了抵御 350 摄氏度以上的高温，贝比科隆博号水星探测器朝向太阳的那一面，覆盖了 50 层绝缘材料以进行防护

这架探测器由四个太阳能离子推进器推动

探测器简介

贝比科隆博号水星探测器主要由三个部分组成。在进入水星轨道之前，水星转移模块被丢弃。在环绕水星轨道上两个子探测器会分开。

1 水星转移模块（MTM）

把探测器带到水星，然后被丢弃。

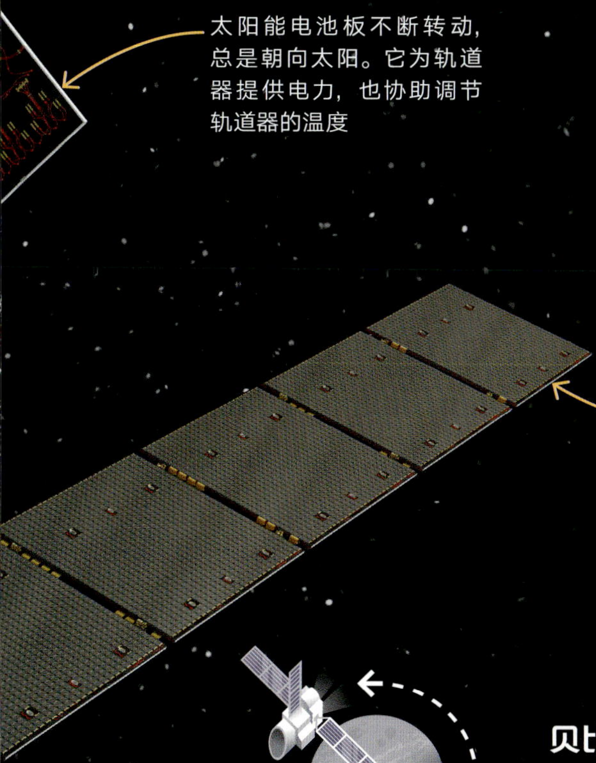

太阳能电池板不断转动，总是朝向太阳。它为轨道器提供电力，也协助调节轨道器的温度

贝比科隆博号水星探测器预计在 2026 年到达水星，它将在预定轨道上进行为期一年的数据收集任务。这里展示的是艺术家创作的静止的探测器图。

太阳能电池板为探测器前往水星的旅程提供电力

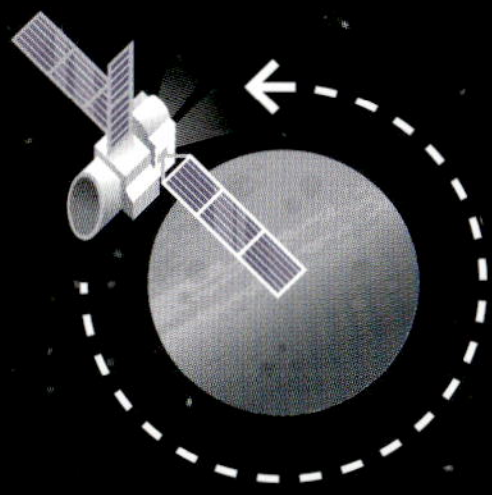

贝比科隆博号水星探测器在到达水星轨道之前将绕太阳运行 18 圈。

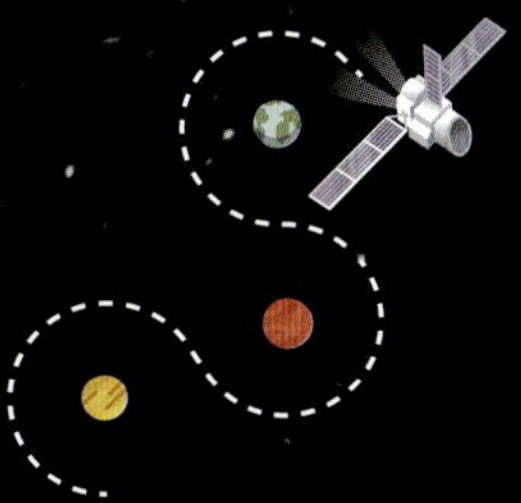

探测器会多次飞掠行星，将速度降低到 7 千米 / 秒。

2 **水星行星轨道器（MPO）**将研究水星表面和内部。

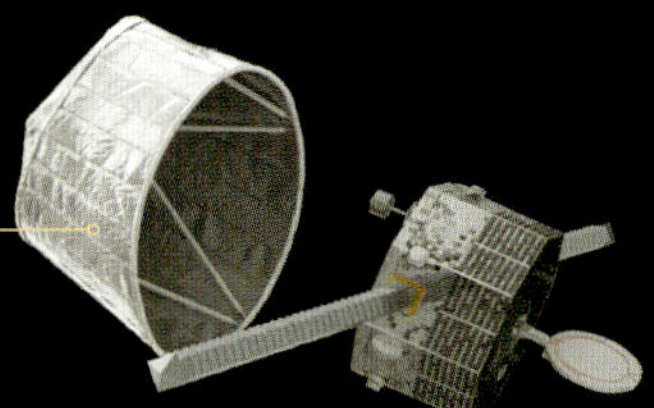

3 **水星磁层轨道器（MMO）**将研究水星的磁场。进入水星轨道之后，隔热罩将被抛弃。

发射日期

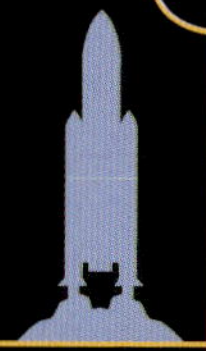

2018 年 10 月 19 日

飞掠行星

贝比科隆博号将经过 85 亿千米，预计于 2026 年到达水星。这趟旅程包括 9 次飞掠行星：1 次飞掠地球、2 次飞掠金星、6 次飞掠水星。

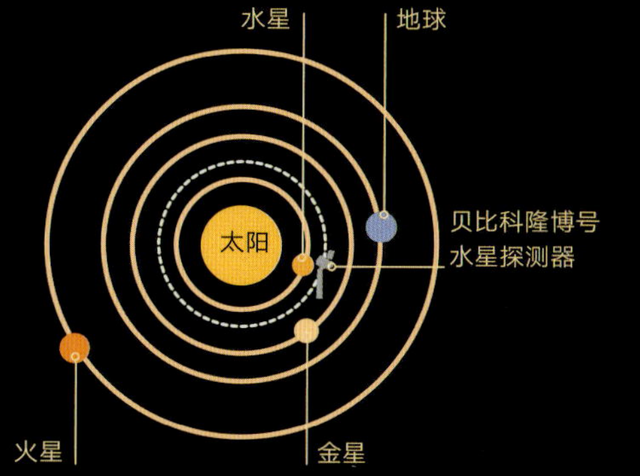

探测器最接近水星表面的距离

480 千米

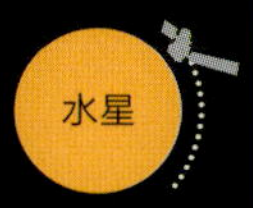

信使号

第一个环绕水星运行的航天器是美国航天局的信使号。它在 2011 年至 2015 年对水星进行了研究，绕水星运行了 4100 圈，拍摄了近 30 万张照片。信使号的数据显示，水星从 46 亿年前形成以来已经缩小了约 7 千米。

名字由来

该探测器以意大利数学家兼工程师朱塞佩·贝比·科隆博的名字命名，他在 1970 年正确地计算出了如何将探测器送入水星轨道。

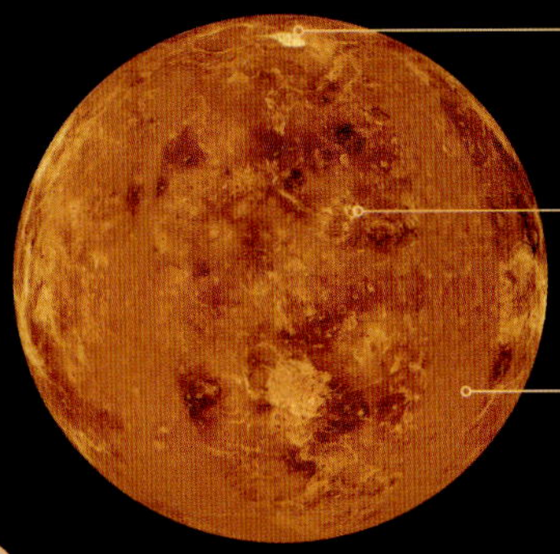

浓云之下

这张金星的图片是根据美国航天局麦哲伦号探测器发回地球的数据绘制的。它展示了云层下面的景象：山脉、无数的火山，以及相对光滑的表面——这跟其他岩石行星很不一样。

致命行星

你在金星上根本活不下去。它的大小和结构与地球相似，也有山脉和火山。科学家们还认为金星可能有过液态水。但金星还覆盖着致命的浓硫酸云，并且有毒大气中的二氧化碳会吸收太阳的热量，使热量无法逃逸到太空，因此金星是太阳系中地表温度最高的行星。

金星大气比地球大气要浓 100 倍。

金星生存纪录保持者是金星 13 号探测器：在被大气压压碎前，它在金星上“生存”了 127 分钟。

金星表面只有巨大的陨击坑，因为较小的陨星会在它浓厚的大气层中燃烧殆尽。

金星的表面总是被浓厚的旋涡云团所覆盖。在这张由日本拂晓号探测器拍摄的照片中可以看到云团，它们显示了金星上动荡的天气模式。

直径

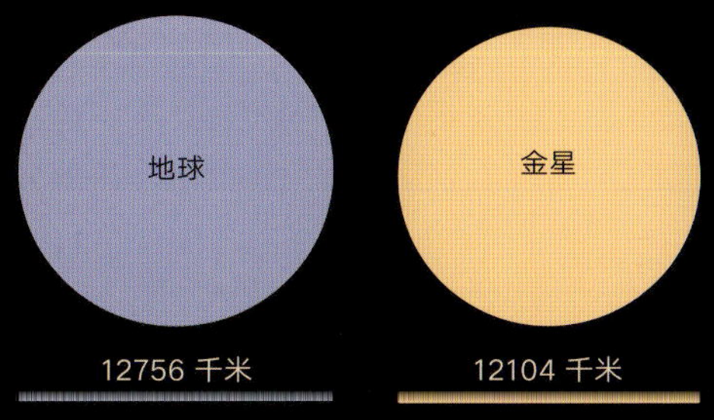

一年

地球 365 天

金星 225 地球日

一天

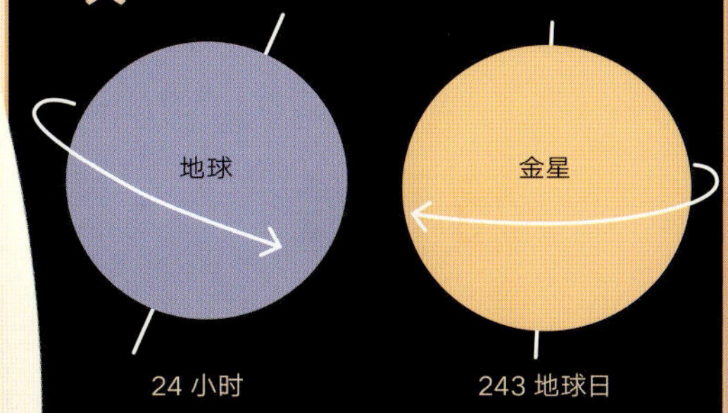

自转最慢

金星是太阳系中自转最慢的行星。金星上的一天比它的一年还要长，一天长达 243 地球日，而一年才大约 225 地球日。

表面平均温度

470 摄氏度

薄饼状火山

与地球上的火山不同，金星上的火山不会发生爆发性的喷发，所以熔岩流动缓慢，逐渐堆积起来，形成圆形山丘，称为薄饼状火山。这些特征是金星独有的。

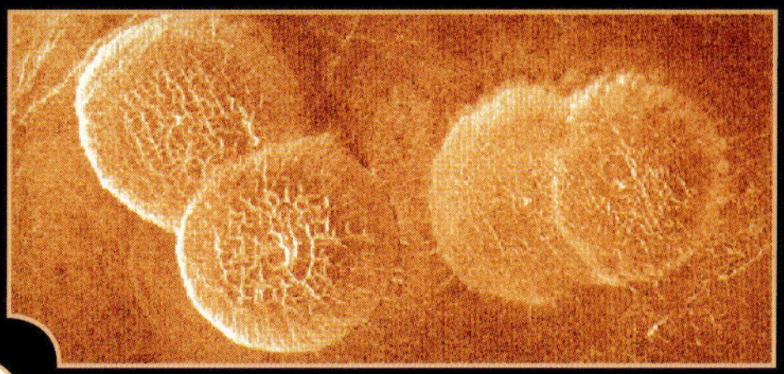

火热的行星

金星上大约有 1600 座火山，是太阳系行星中最多的。2023 年，科学家们在查看美国航天局麦哲伦号金星探测器的雷达图像时发现，金星最大的火山玛阿特山正在流淌出岩浆。

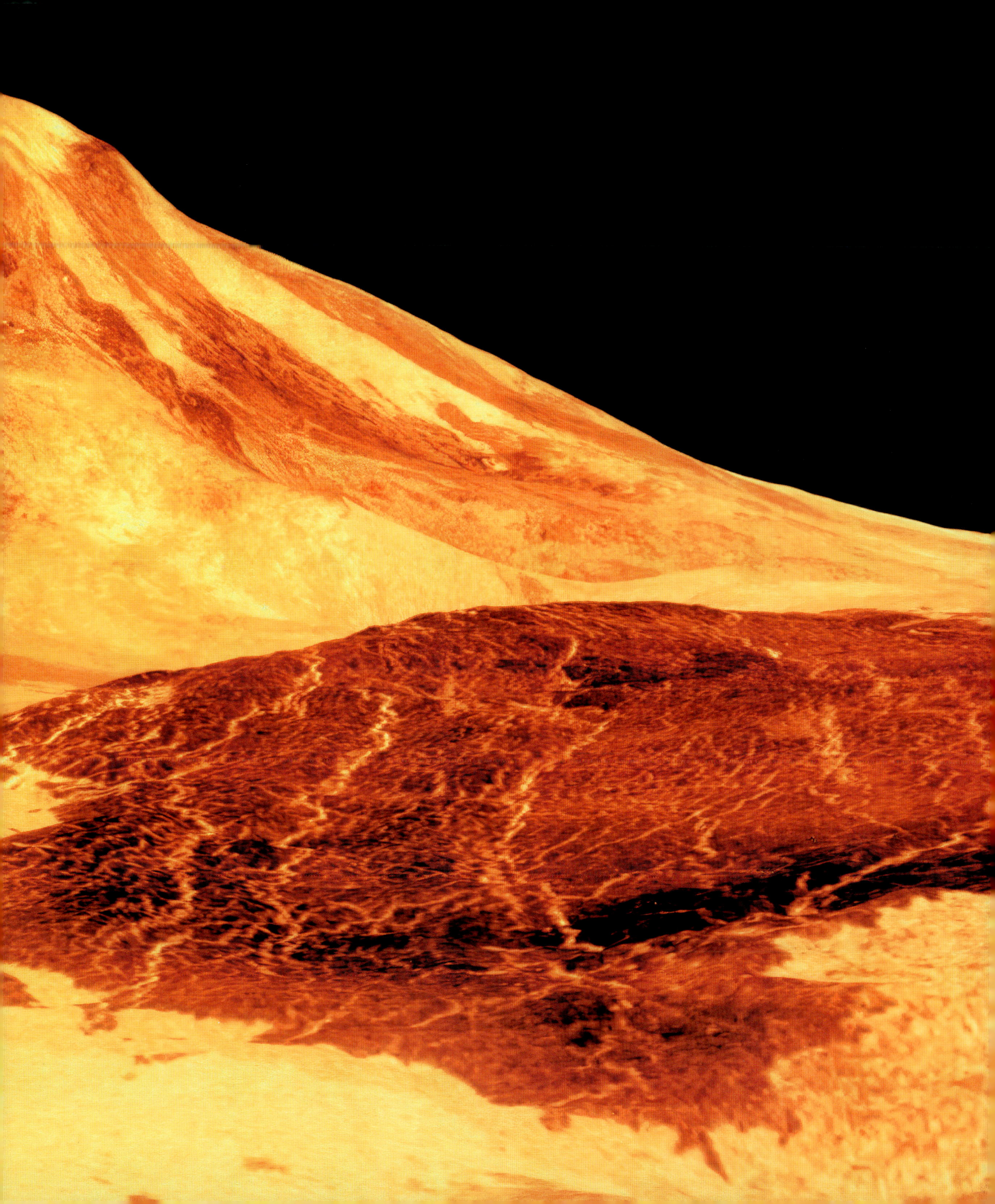

地球各层

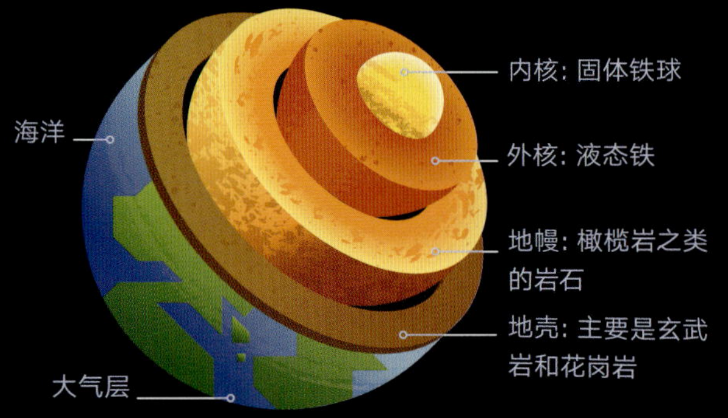

地球形成于 46 亿年前。最初数百万年里，它一直是熔融状态的。随后开始冷却，分离成了我们今天看到的地层结构。地层越深，温度越高——内核温度高达近 6000 摄氏度，像太阳表面一样非常炽热。

有生命的行星

地球是一颗独特的星球。这颗星球上的一切使其成为最适合生命生存的地方：它是唯一一颗表面有液态水的行星；它位于太阳系的宜居带，即此处的各项条件刚好合适，不太热也不太冷，适合液态水的存在；它还有一个含氧的大气层；而磁场能保护我们避免致命辐射的伤害。

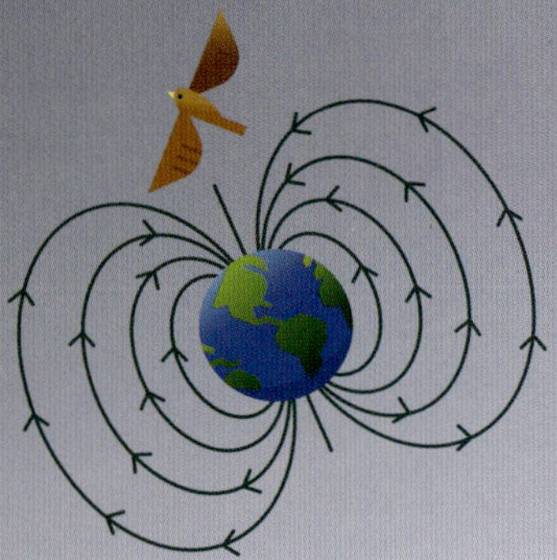

有些动物在长途迁徙时利用地球磁场来辅助导航。

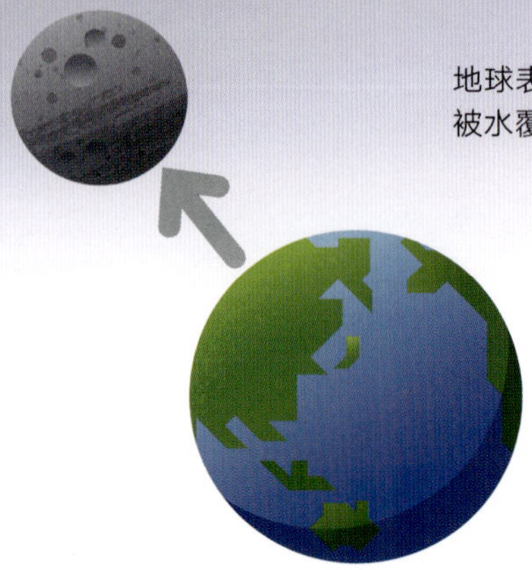

随着月球慢慢地离地球越来越远，地球的白天也越来越长。

地球厚厚的大气层里孕育着云层和天气现象

地球表面大约 71% 被水覆盖

在这张美丽的照片中，可以看到地球上的大陆、海洋和天气，由美国航天局位于地球上空 700 千米的 Terra 卫星携带的 MODIS（中分辨率成像光谱仪）拍摄。

地球上的陆地分为多个大陆，这些大陆由古老的岩石组成，其中一些岩石几乎和地球本身一样古老

直径

一年

365 天

一天

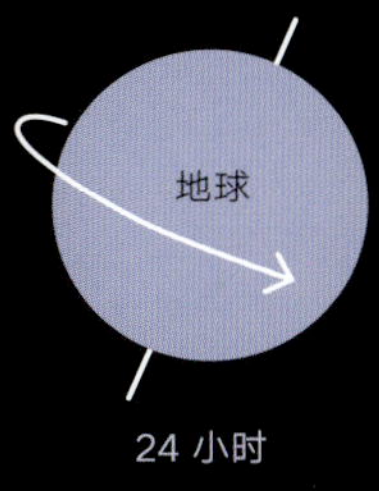

温度

最低 **零下 89 摄氏度**

最高 **57 摄氏度**

大气层

地球大气中包含氮气（78%）、氧气（21%）和少量其他气体，如氩气和二氧化碳等（略低于 1%）。

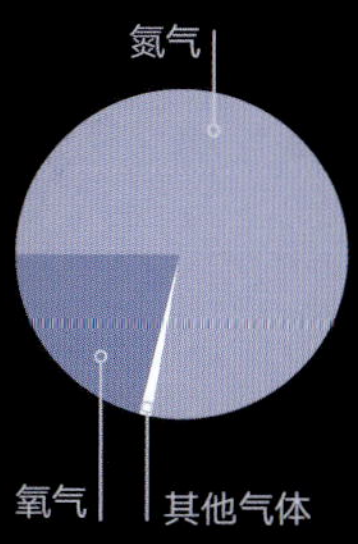

水

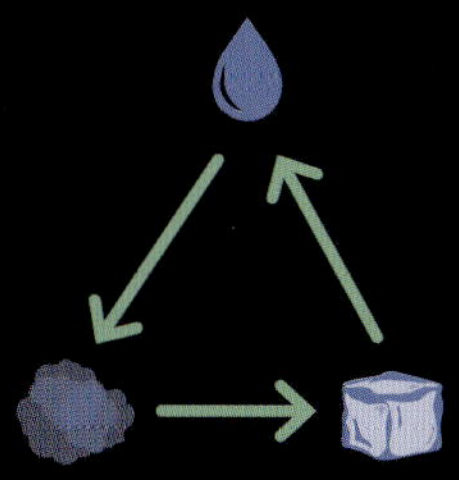

水有三种形态：水蒸气、液态的水和固态的冰，地球是这三种形态的水在表面同时存在的唯一行星。

构造板块

地壳分裂成构造板块。当它们相互挤压碰撞时，就会发生地震。

荒漠

荒漠是地球上最干燥的栖息地，降水量很小。从太空中看，这里似乎没有生命，正如这张撒哈拉沙漠的卫星图像所示——图中是沙子和裸露的岩石（暗色区域）。然而，许多生物已经适应了在荒漠里生存，它们会储存季节性降水，忍受干旱期，或从意想不到的来源获取水分，比如露水和雾。

科学家估计地球上的动植物超过 800 万种。

河流三角洲

在博茨瓦纳的奥卡万戈三角洲，水对生物的重要性体现得淋漓尽致。每年，季节性降雨和洪水把这片干燥的沙漠变成郁郁葱葱的草原和潟湖，吸引了大量的动物，包括这些非洲象。

南极洲

冰冻的地球两极也是生命荒漠，那里的水以冰的形式被锁住。但即使在南极洲，一些生命也在蓬勃发展。帝企鹅群体已发展到极其庞大，以至于太空中的卫星都能看到它们。

城市生活

到 2050 年，世界上超过 68% 的人口将生活在城市。一些城市，如这张图上有着独特网格布局的西班牙巴塞罗那，正面临着季节性的水资源短缺。

水稻梯田

世界上大约 70% 的淡水用于灌溉农作物。其中，水稻是需水量最大的作物之一。

海洋

地球表面大约 71% 被海洋覆盖，滋养着地球上 90% 的生物。虽然大多数海洋生物从海面上是看不见的，但跃出水面的座头鲸群提醒我们，在海面之下存在着规模巨大的食物网。

热带雨林

亚马孙雨林每年的降水量可达 3 米，这使它成为世界上生物多样性最丰富的栖息地之一。近 4000 亿棵树在温暖潮湿的气候中茁壮成长。每棵树都是其他许多物种的取食来源和庇护所。

地球上的生命

水是地球上的生命之源。从微生物到参天大树，它们都依赖水。在过去的 40 多亿年里，地球上种类繁多的生物已经深刻地重塑了这颗行星，甚至也改变了它从太空看起来的样子。

破坏力

地球上最具破坏性的热带气旋释放的能量可相当于一万枚核弹。它们在热带海洋上形成，速度可达到 248 千米 / 时。受地球自转的影响，在平静的风眼周围会形成巨大的旋涡状雨云带。当它们接近陆地时，狂风、暴雨和风暴潮会给沿海地区造成毁灭性的破坏。

极光在白天也会出现，但它们的亮度不够，我们在明亮的阳光下看不到。

冰岛米湖上的极光令人目眩。在一个短暂的时刻，这些光线会聚在一起，形成极光冕，仿佛一场灯光秀。

极光可以延伸到地面以上 650 千米处

大部分极光是在地球上空约 100 千米处产生的

舞动的光线

极光是最壮观的自然光秀。绿色，有时还有粉红色、红色和紫色的光在夜空中翩翩起舞，持续几分钟甚至几个小时。阿拉斯加和加拿大的早期居民认为它们是跳舞的精灵，在天空中闪烁，而芬兰人认为它们是火狐的尾巴。

光环

在北极产生的极光被称为北极光，而在南极产生的极光被称为南极光。

极光的颜色

极光的颜色取决于地球大气中粒子的类型以及来自太阳的带电粒子与它们发生碰撞的高度。

绿色和红色

绿色和红色的极光是太阳粒子与大约 100~300 千米的高层大气中的氧原子碰撞而激发的，其中绿色的最常见。红色极光的产生高度一般高于绿色极光。

蓝色和紫色

这些颜色不太常见。通常产生于太阳粒子在大约 100 千米或更低处与氮分子碰撞时。

极光能量来源

地球受到磁场的保护，磁场使来自太阳的大部分有害带电粒子偏转。但一些太阳粒子会偏转到地球的磁极，与大气中的气体粒子相撞，在天空中以光的形式释放能量。

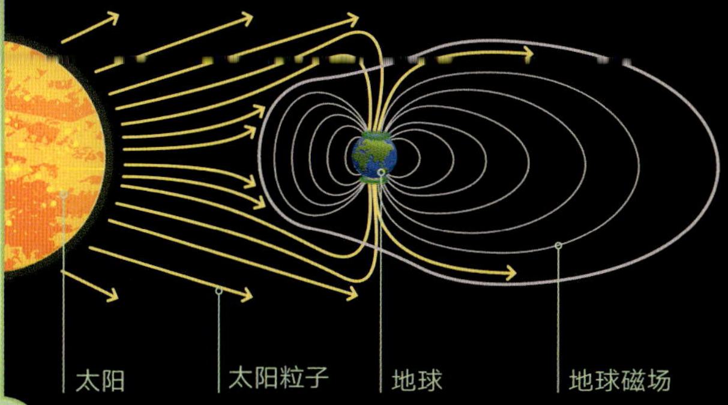

产生极光的太阳粒子运动速度可高达 1000 千米 / 秒。

太空中的极光

在其他拥有大气层和磁场的行星上也有极光。

木星

海王星

前排就座

国际空间站（ISS）上的航天员的视角比较独特，他们看到的极光就像在大气层中延伸的光弧。

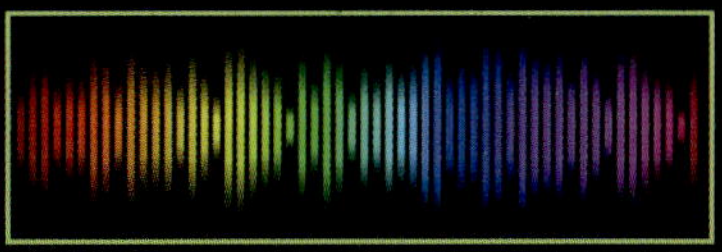

夜间音乐

芬兰的研究人员发现，在特定的天气条件下，极光会发出声音——大约 5% 的极光会发出呼啸声、噼啪声或拍击声。

发现

1896 年，挪威科学家克里斯蒂安·伯克兰第一个描述了极光的成因。但又过了 60 年，他才被证明是正确的。

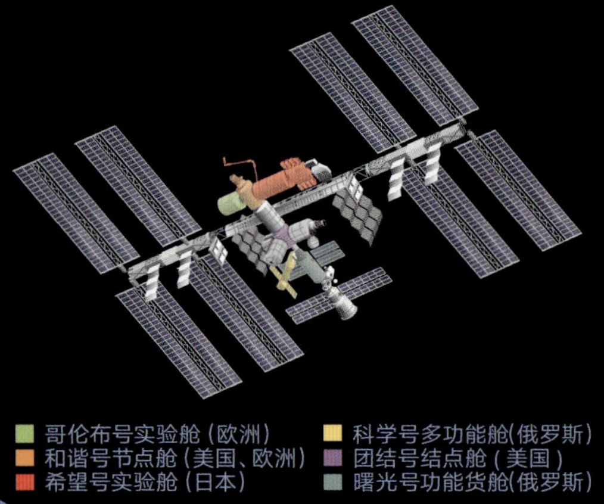

团队协作

国际空间站是国际合作建造的，共有 16 个国家参与。这架航天器有多个模块，它们由火箭从地球发射并在太空中连接在一起。从存储区域到实验室，这些模块的作用各不相同。

宇宙里的家

国际空间站（ISS）是有史以来人类建造的最大的载人航天器。在太空中组装这些模块耗费了数十次发射任务和十余年时间。它在地表之上约 400 千米高处绕地球运行。自 1998 年发射首个舱段以来，已有近 300 名航天员访问过空间站，进行了旨在提高人类在太空生存能力和在其他行星建立永久基地的科学实验。

国际空间站由太阳能电池板供电，将阳光转化为电能。电池板一直在调整姿态，以便一直面向太阳

国际空间站是夜空中仅次于月亮的第二亮的目标。如果你知道什么时候看，你就可以在晚上看到它——一个在天空中快速移动的亮点。

发射日期

第一个舱段在 1998 年 11 月 20 日发射，随后添加了更多舱段，最早的乘组在 2000 年 11 月 2 日到达。

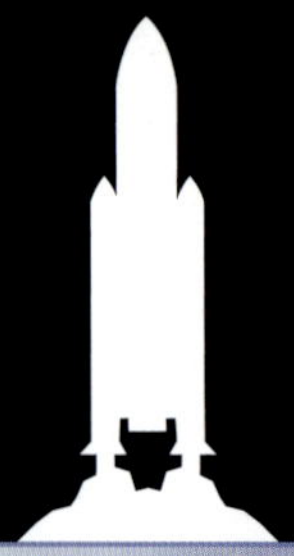

大小

国际空间站长 108 米，宽 74 米，大约相当于一个足球场的长度。

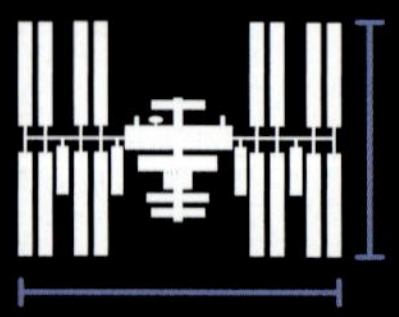

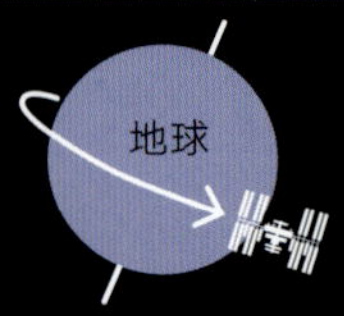

公转周期

国际空间站绕地球一周用时约 93 分钟。

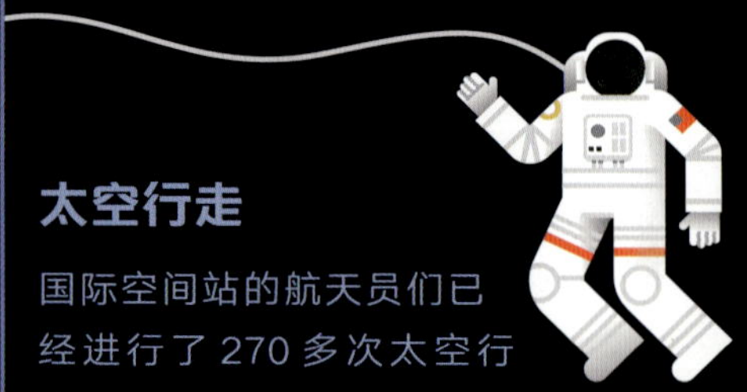

太空行走

国际空间站的航天员们已经进行了 270 多次太空行走。在外部进行维修时，一根可伸缩的 26 米长编织钢丝绳将航天员连接在国际空间站上。

航天员们以 8 千米 / 秒的速度绕地球运行，每天能看到 16 次日出和 16 次日落。

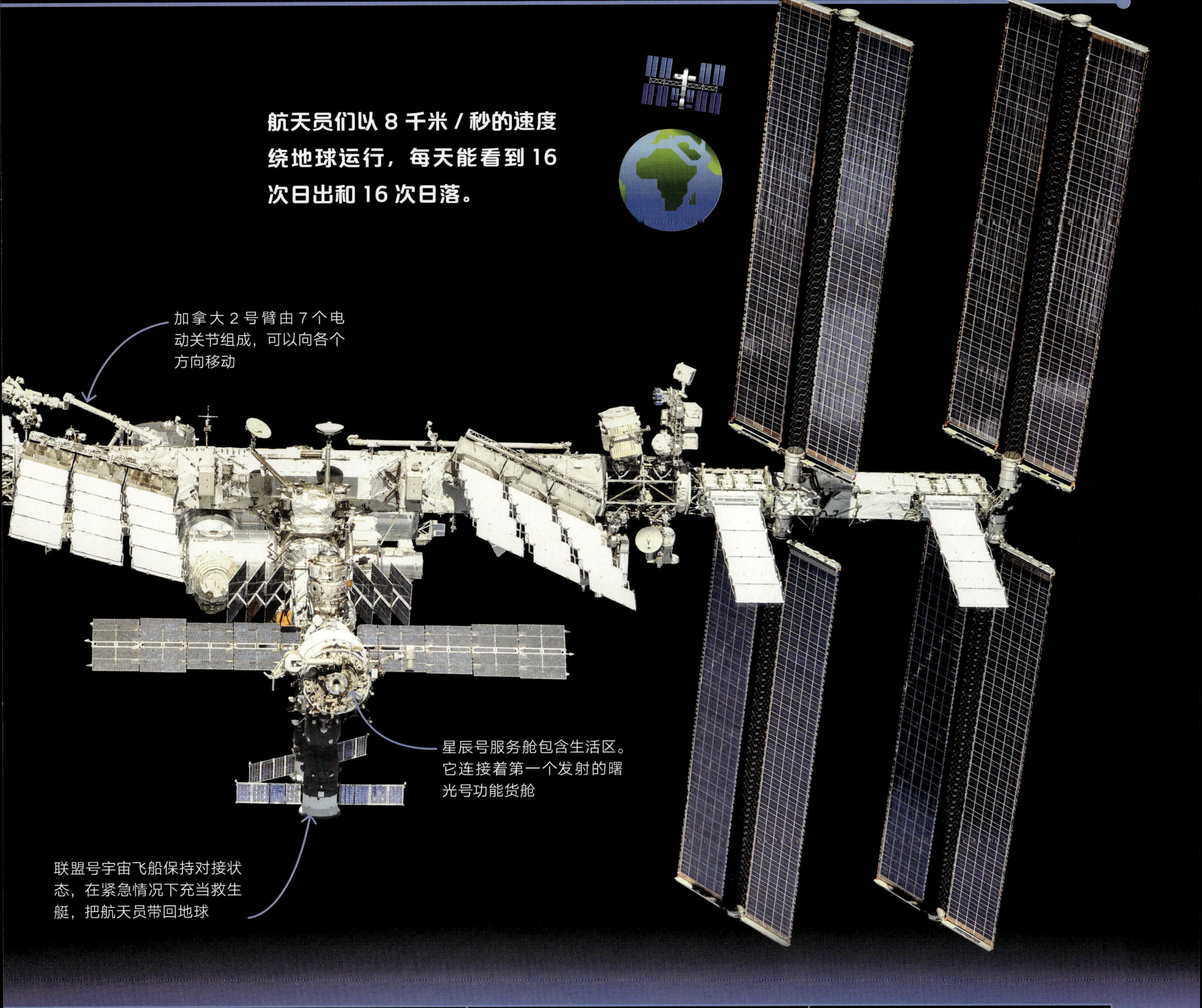

实验舱

希望号是三个实验舱中最大的一个。它的大小相当于一辆公共汽车，有一个外露的甲板，可以在太空中进行实验。

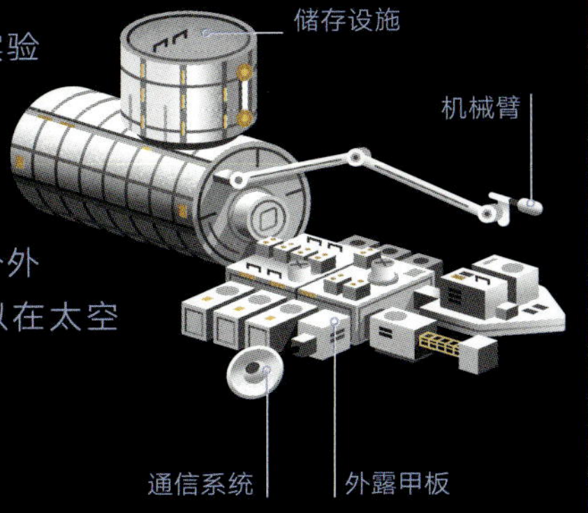

加拿大 2 号机械臂

这个 17 米长的机械臂像人的手臂一样，可以弯曲和转动，从而能在国际空间站外面运送设备和航天员。

太空实验

国际空间站的航天员已经进行了 3000 多项实验，包括种植蔬菜，用模拟月壤制造玻璃、金属和水泥，为未来在其他星球上建设基地做准备。

太空生活

乘组轮流在国际空间站上生活和工作，每组最多有六名航天员。当空间站绕地球运行时，他们会体验微重力状态，也被称为失重状态，正如这位欧洲空间局的意大利航天员萨曼莎·克里斯托弗雷蒂所展示的。航天员必须每天锻炼以防止肌肉萎缩和骨质流失。在国际空间站上进行的许多实验有助于提高我们对人体运作方式的理解。

天灾级大碰撞

现在大多数科学家都认为，月球是在大约 45 亿年前形成的，当时火星大小的天体忒伊亚与熔融状态的年轻地球撞到了一起。这次碰撞溅起的物质被抛进太空，聚集在一起，最终形成了月球。这就是为什么月球上的岩石与地球上的非常相似。

在我们的眼中，月球是一个灰色的世界，但这张引人注目的照片，采用了色彩增强技术，以揭示其壮观的地貌特征。

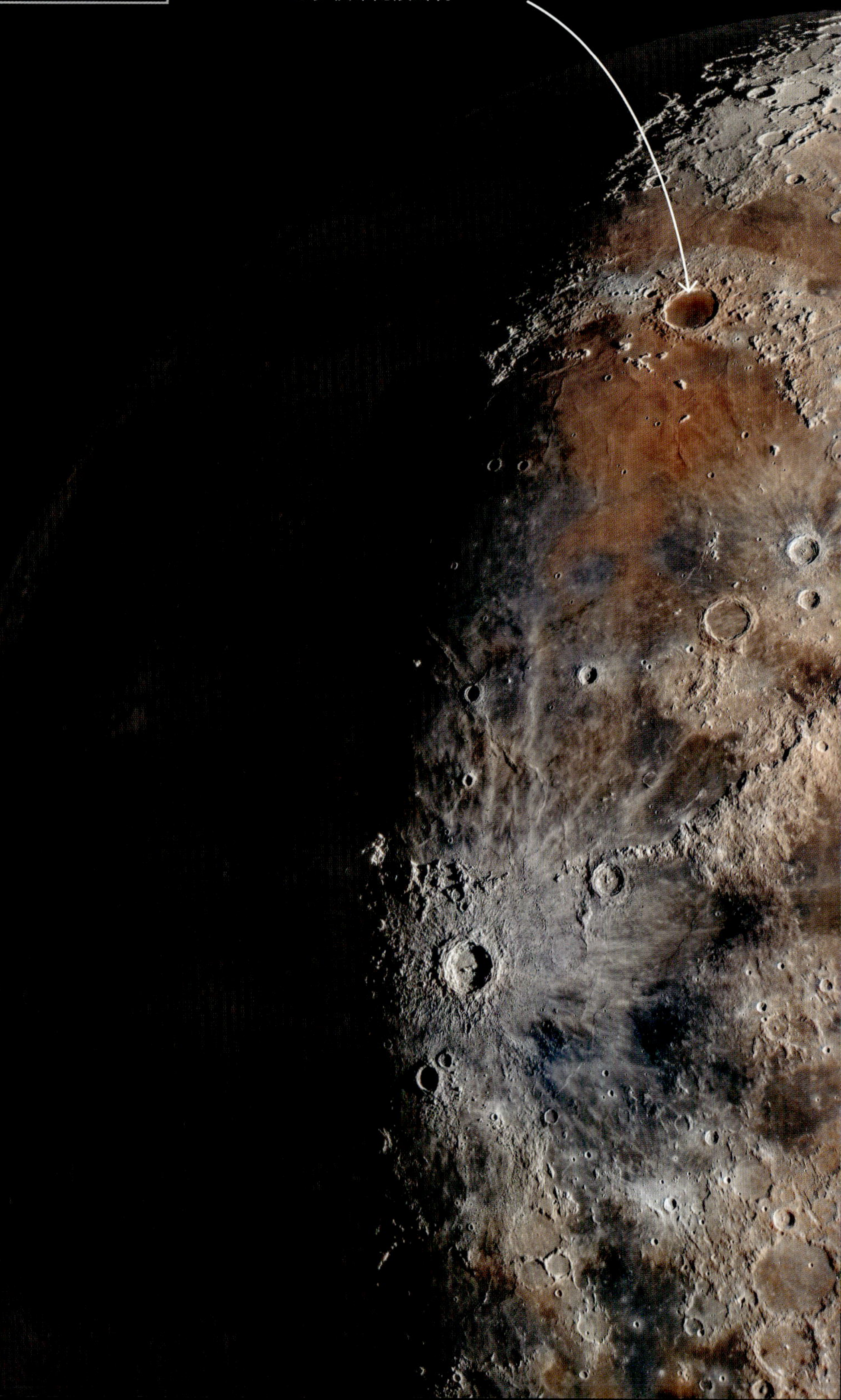

地球的同伴

目前，除了地球，月球是太阳系中人类踏足的唯一星球。它的表面遍布环形山、山脉和尘埃。很久以前，人们就开始关注月球并坚持记录，从而知道了月相变化，月亮的朔望周期大约是 29.53 天。在月球引力作用下，地球的海洋每天有两次潮汐涨落。

月球正以每年约 4 厘米的速度远离地球。

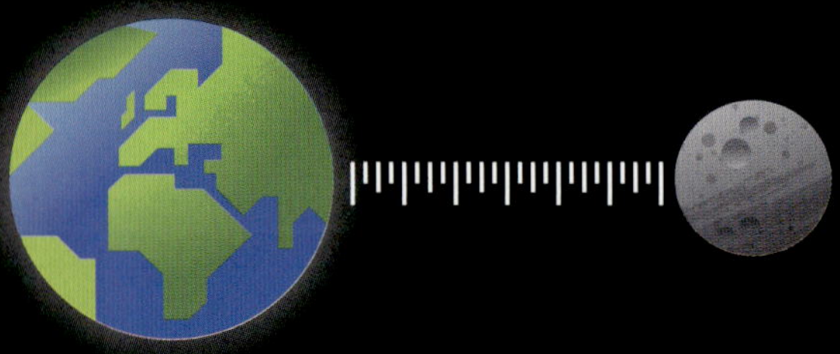

地球和月球之间的空当儿，正好可以放进太阳系所有其他行星。

直径

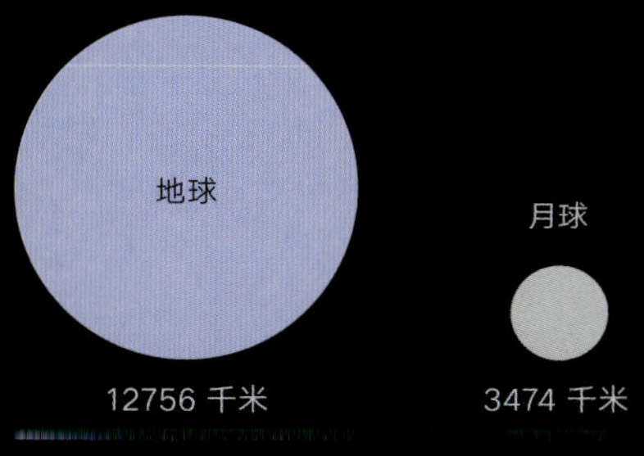

一天

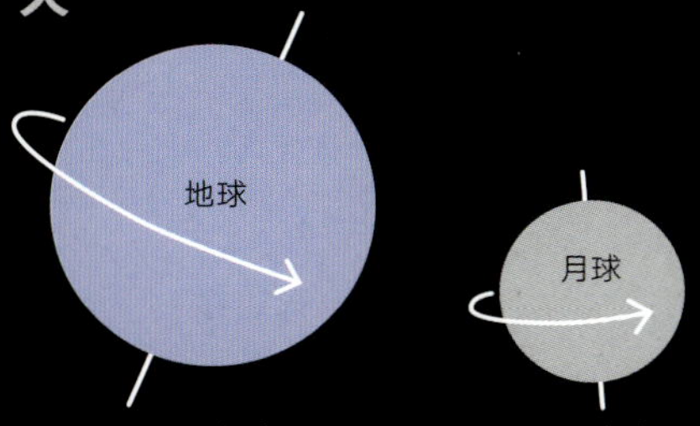

与地球的平均距离

384400 千米

温度

最低温度 **零下 173 摄氏度**

最高温度 **127 摄氏度**

月球背面

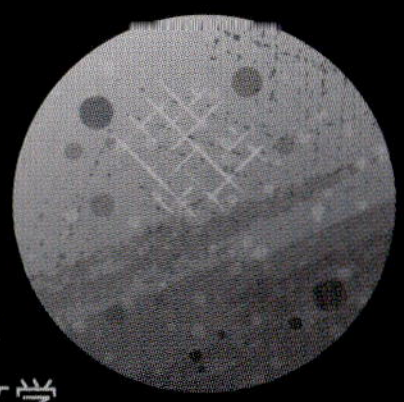

我们从地球上是看不到月球背面的，比起正面来，背面的月海较少。之所以叫月海，是因为天文学家曾经认为那里是海洋，但实际上那里是火山喷发的岩浆冷凝固结而成的岩石平原。

偏心的月球

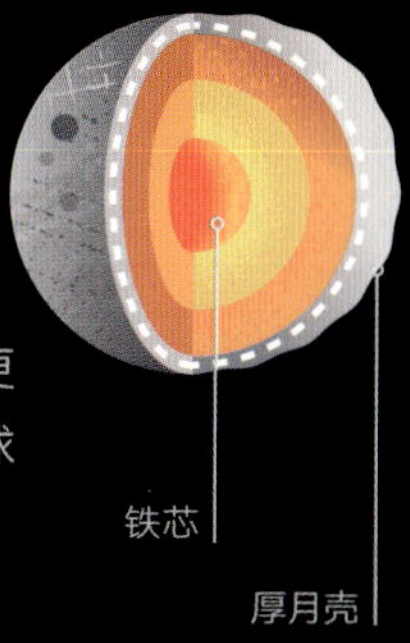

月球刚形成时处于熔融状态，当时地球是炽热的，所以离地球远的那一面冷却得快，凝固了更多的月壳，这导致了月球的偏心。

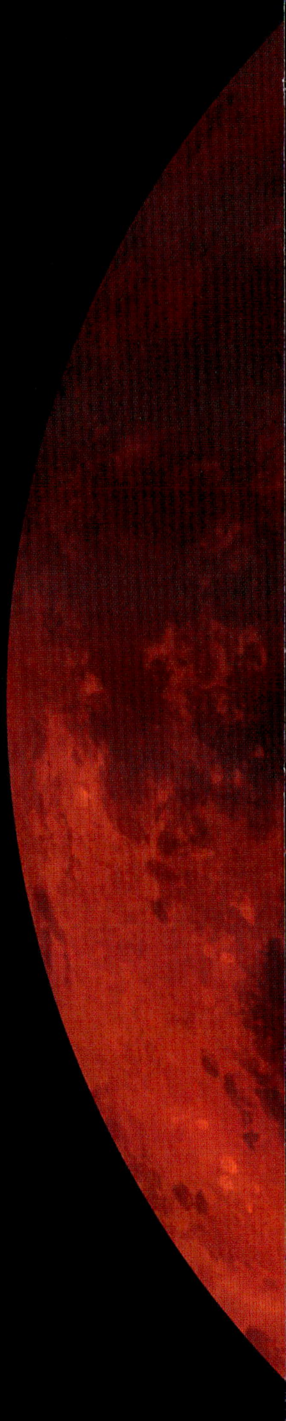

血月

在月全食期间，原本看起来皎洁的月亮变成了暗影。这是因为，月全食时，地球恰好走到太阳和月球之间，它的影子投射到了月球表面。但我们依然可以看到月球，因为来自太阳的部分红光穿过地球的大气层，照射到月球上，又反射回地球，使被阴影覆盖的月球呈铜红色，此时的月球也因此得名“血月”。

登月火箭

把阿波罗计划航天员率先送上月球的是土星 5 号运载火箭，将来要把猎户座飞船及其机组人员送入太空的太空发射系统（SLS）要比土星 5 号运载火箭更强大。太空发射系统已经在 2022 年作为阿尔忒弥斯 1 号无人任务的一部分成功发射。

未来，航天员将利用月球资源在月球表面建造一个适宜居住的基地。

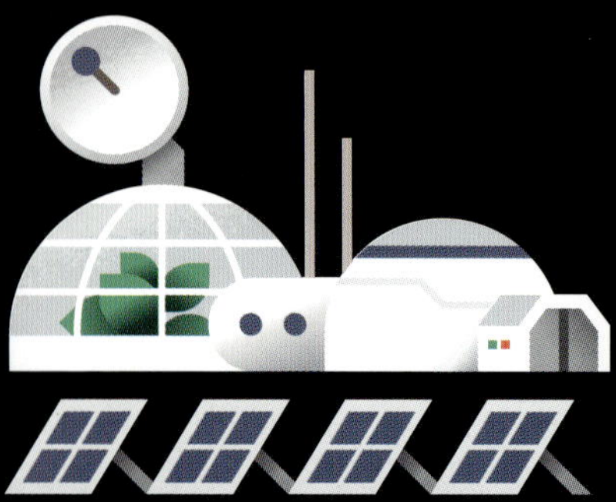

重返月球

阿尔忒弥斯计划本来的目标是送航天员重新登上月球。如果实现，航天员将首次在人类从未探索过的月球南极地区待上一周。阿尔忒弥斯号乘组还将进行各项实验，以便在月球上建立一个未来可居住的基地，这也是为前往火星和更远目标做准备。但这个计划因技术问题已推迟数次。

在返回的旅程中，猎户座飞船将以超过 32200 千米 / 时的速度再次进入地球大气层。

乘员舱可供 4 名航天员在其中生活和工作最多 21 天

猎户座飞船的设计目的是把人类带到有史以来最远的太空，它有两个主要组件——可重复使用的乘员舱和包含支持系统的服务舱。

阿尔忒弥斯计划

阿尔忒弥斯计划由美国航天局领导，旨在建立定期往返月球轨道空间站——“门户”和月面大本营的常态化航行体系。

阿尔忒弥斯 1 号

第一次任务是 2022 年的一次无人试飞。猎户座飞船两度飞越月球。

阿尔忒弥斯 2 号

计划于 2026 年执行，这次任务将是猎户座飞船第一次载人航行，它将进入环月轨道。

阿尔忒弥斯 3 号

这次任务将在 2027 年让人类首次在月球南极附近着陆。

后续任务

到 2030 年，阿尔忒弥斯的任务将获得月球轨道空间站的支持。

发射中止系统

发射中止系统（LAS）在发射时位于飞船顶部。如果遇到什么麻烦，它可以让乘员舱从主火箭上安全地弹射出去。

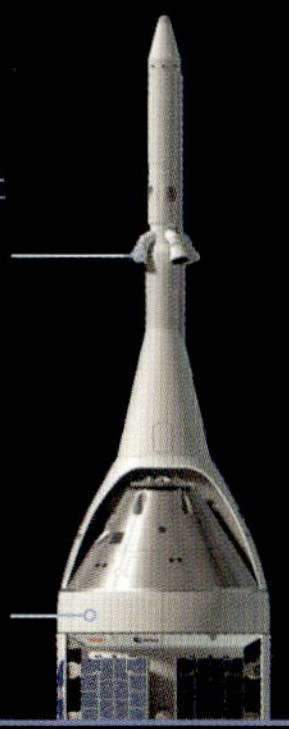

月球轨道空间站

美国航天局的“门户”，将是第一个月球轨道空间站。它将支持阿尔忒弥斯系列任务，还能在航天员踏上月球之前为他们提供一个基地。

团队合作

为阿尔忒弥斯 1 号任务工作的将近 3 万人的名字被刻在微芯片上，随阿尔忒弥斯 1 号一起发射进入太空。

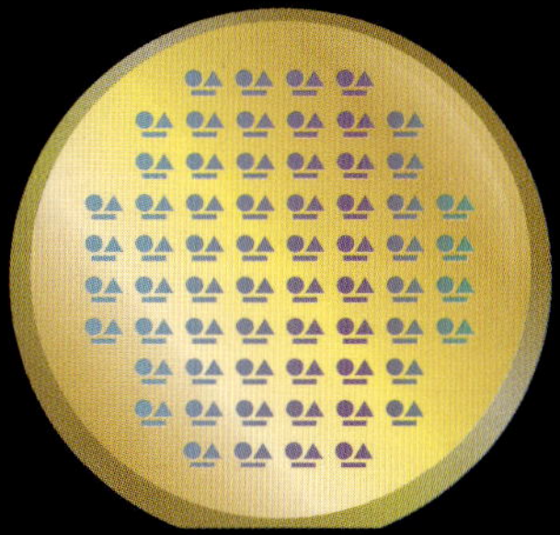

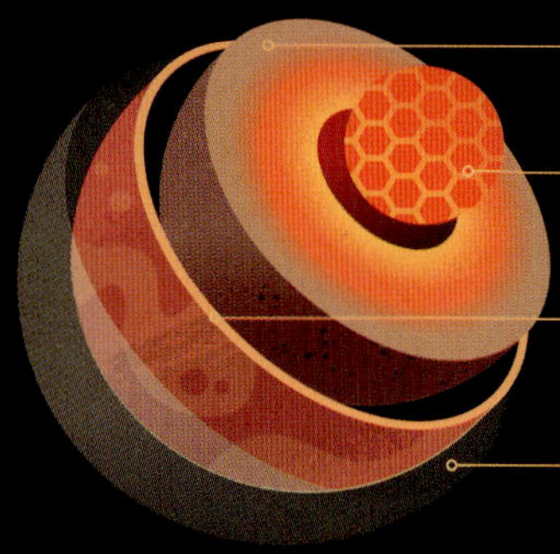

火星内部

火星曾经是一团炽热的熔岩物质，最终冷却并凝固形成了固体火星壳。在这个火星壳之下是石质火星幔和一个小而致密的火星核，火星核可能部分是液态的。与地球不同，火星没有板块构造，所以火星上的火山，包括奥林波斯山，一直在同一地点。

尘土飞扬的火星

人类已经向火星发射了许多探测器，以寻找过去生命的迹象。吸引人类的是，这个铁锈红色的星球与地球有着惊人相似的特征——季节变化、极地冰盖、峡谷群和死火山群。但与地球不同的是，它不是一颗宜居行星——它是一个贫瘠、寒冷、大气无法供人呼吸的世界。

美国航天局的毅力号火星车成功地在火星上制造出氧气，这是为人类创造可呼吸居住地的一小步。

奥林波斯山是太阳系最大的火山，它的高度约为珠穆朗玛峰的 2.5 倍。

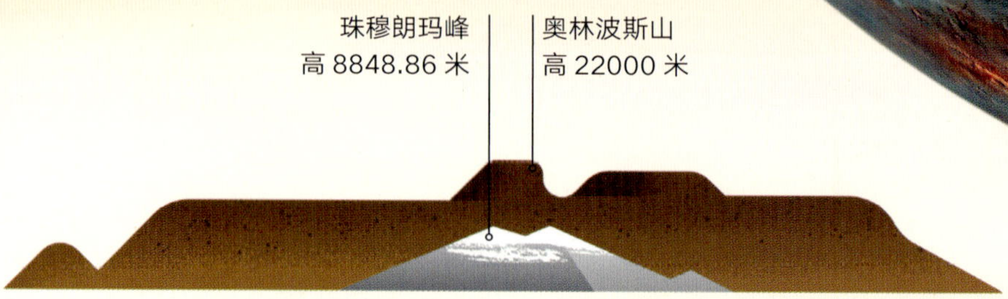

火星之所以得名，一方面是因为其土壤中的铁矿物被氧化（生锈），呈现红黄色，另一方面是因为大气中也悬浮有红黄色微尘

这张由欧洲空间局的火星快车号探测器拍摄的照片展示了火星表面的颜色、陨击坑和巨大的水手号峡谷群。

直径

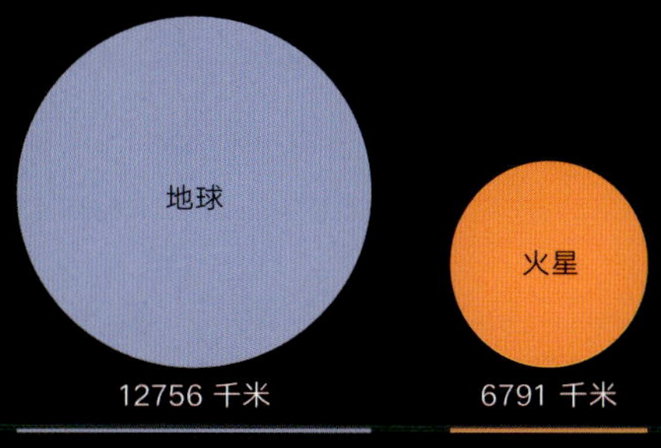

一年

地球 **365 天**

火星 **687 地球日**

一天

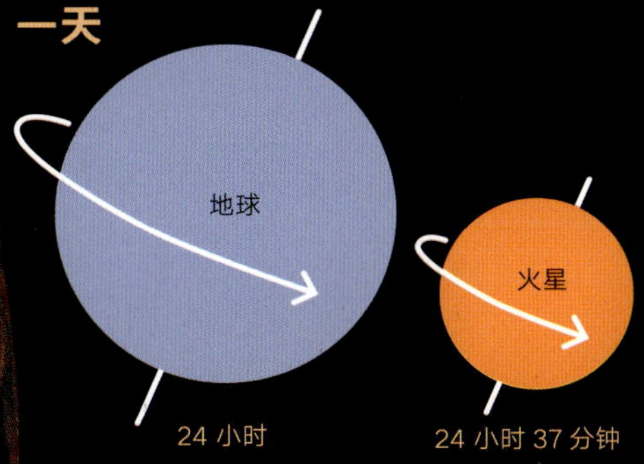

云顶温度

最低温度 **零下 153 摄氏度**

最高温度 **35 摄氏度**

公转轨道

火星绕太阳运行的轨道是椭圆形的——比地球轨道的形状更扁更长。

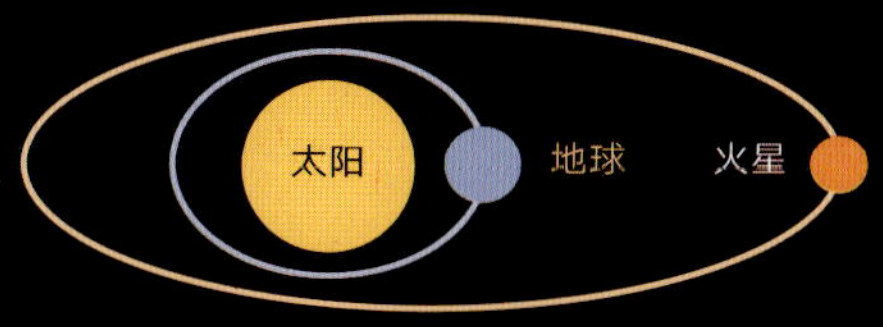

火星卫星

火星有两颗形状不规则的天然卫星——火卫一福波斯和火卫二戴莫斯。在希腊神话中，福波斯代表光明，戴莫斯代表恐怖。火卫一离火星比较近，它绕火星一周的时间是火卫二的四分之一。

火星的气候

巨大的沙尘暴经常席卷火星。它们被称为尘卷风，其规模比地球上的尘卷风大三倍。太阳加热火星表面稀薄的空气，使其上升形成气柱，横扫火星的风使这股上升的气柱旋转起来并越转越快，形成旋风。火星勘测轨道飞行器（MRO）捕捉到的这个巨大的尘卷风估计超过 800 米高。

奥林波斯山

如果这座巨大的火山在地球上，它将覆盖法国大小的一片区域。其巨大的破火山口上面还叠着几个陨击坑。

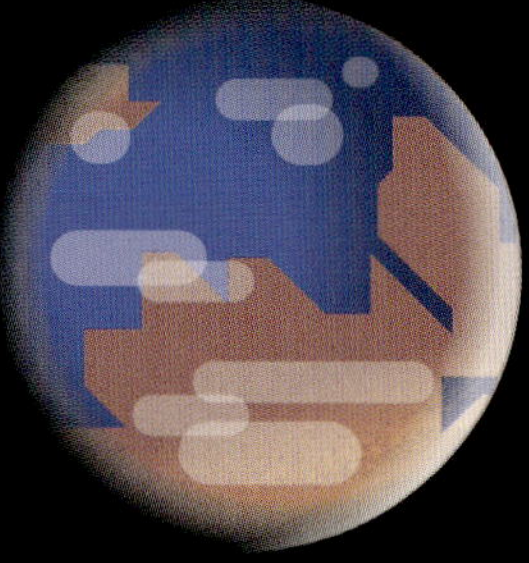

如果火星土壤中的冰冻水全部融化，整个星球将被 35 米深的水层覆盖。

火星上的巨型地貌

火星表面的照片看起来会让你感到很眼熟。从陡峭的峡谷到起伏的沙丘，许多火星地貌在地球上也能找到。尽管火星要比地球小得多，但其地貌却是超大版本的。

水手号峡谷群

这一系列相连的峡谷是地球上美国大峡谷长度的 10 倍，深度的 5 倍。火星的地壳被附近奥林波斯山下膨胀的岩浆拉伸和撕裂，就形成了水手号峡谷群。

圣玛丽亚陨击坑

圣玛丽亚陨击坑有一个运动场那么大。这张照片由美国航天局的机遇号火星车于 2010 年拍摄，这里显示的是伪彩色，以便揭示陨击坑的特征。从图中可见，岩石分布在坑的边缘，而坑底中央则有因风翻腾的沙丘。

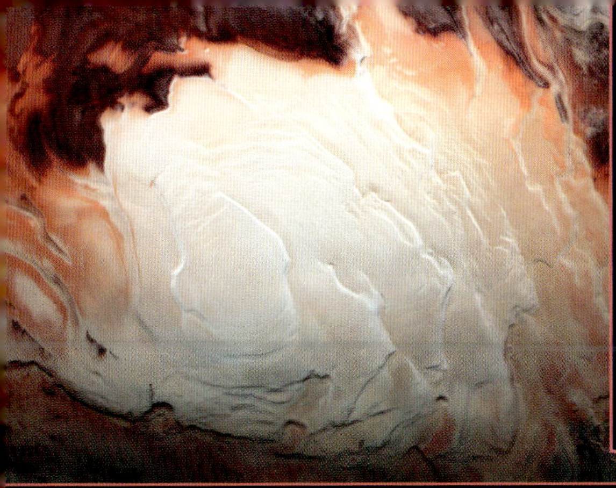

南极

从太空探测器拍摄的照片显示，火星有像地球一样的极地冰盖。火星南极冰盖既有水冰也有干冰——固态的二氧化碳。该地区还有被称为“蜘蛛”的不规则深色特征，这是在春天干冰变回气体从冰盖表面逸出时形成的。

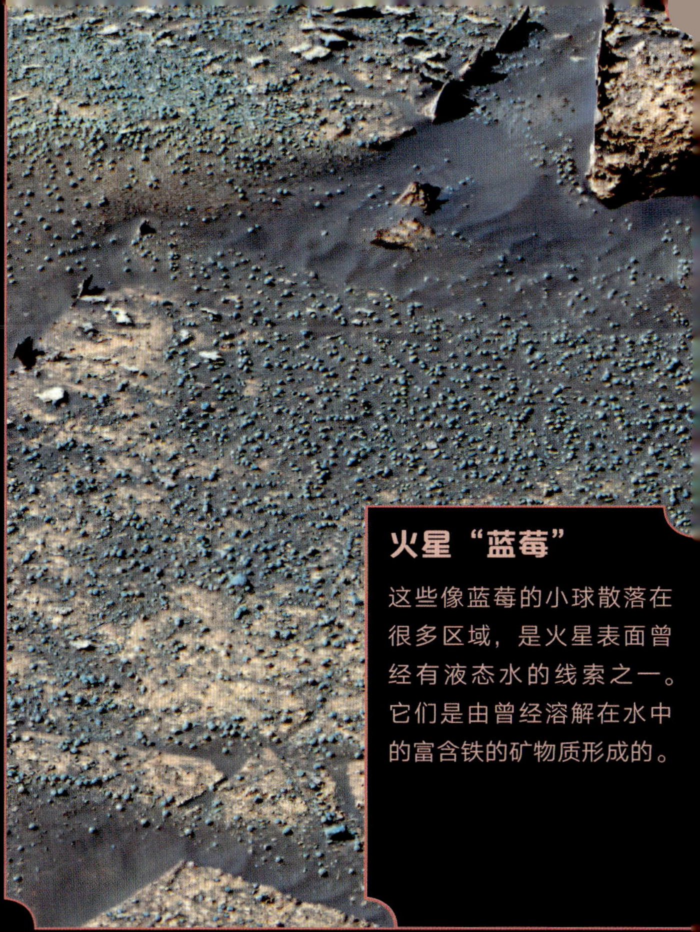

火星“蓝莓”

这些像蓝莓的小球散落在很多区域，是火星表面曾经有液态水的线索之一。它们是由曾经溶解在水中的富含铁的矿物质形成的。

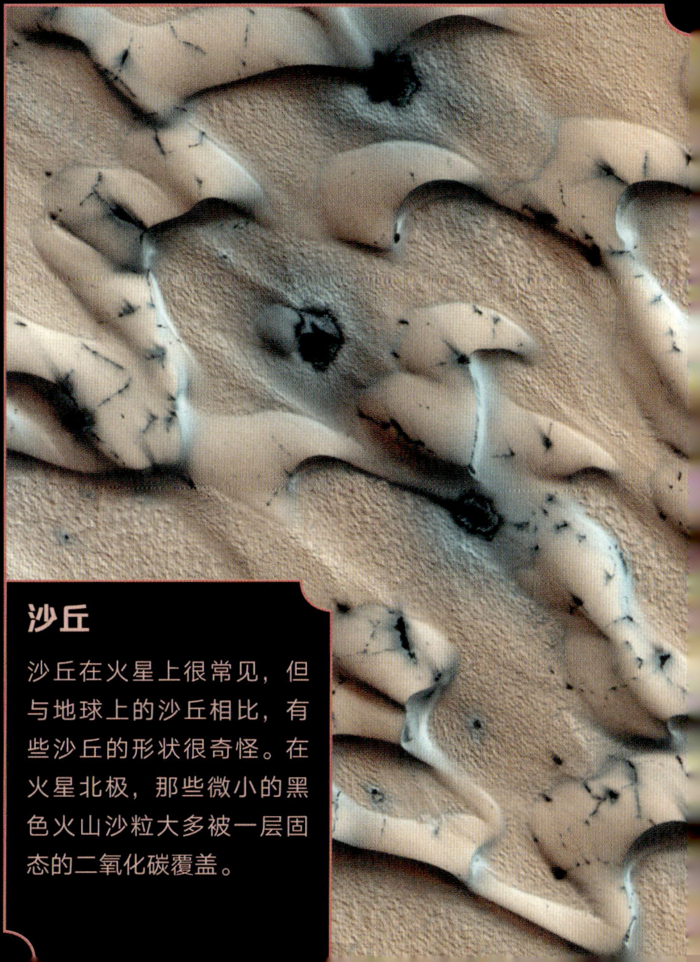

沙丘

沙丘在火星上很常见，但与地球上的沙丘相比，有些沙丘的形状很奇怪。在火星北极，那些微小的黑色火山沙粒大多被一层固态的二氧化碳覆盖。

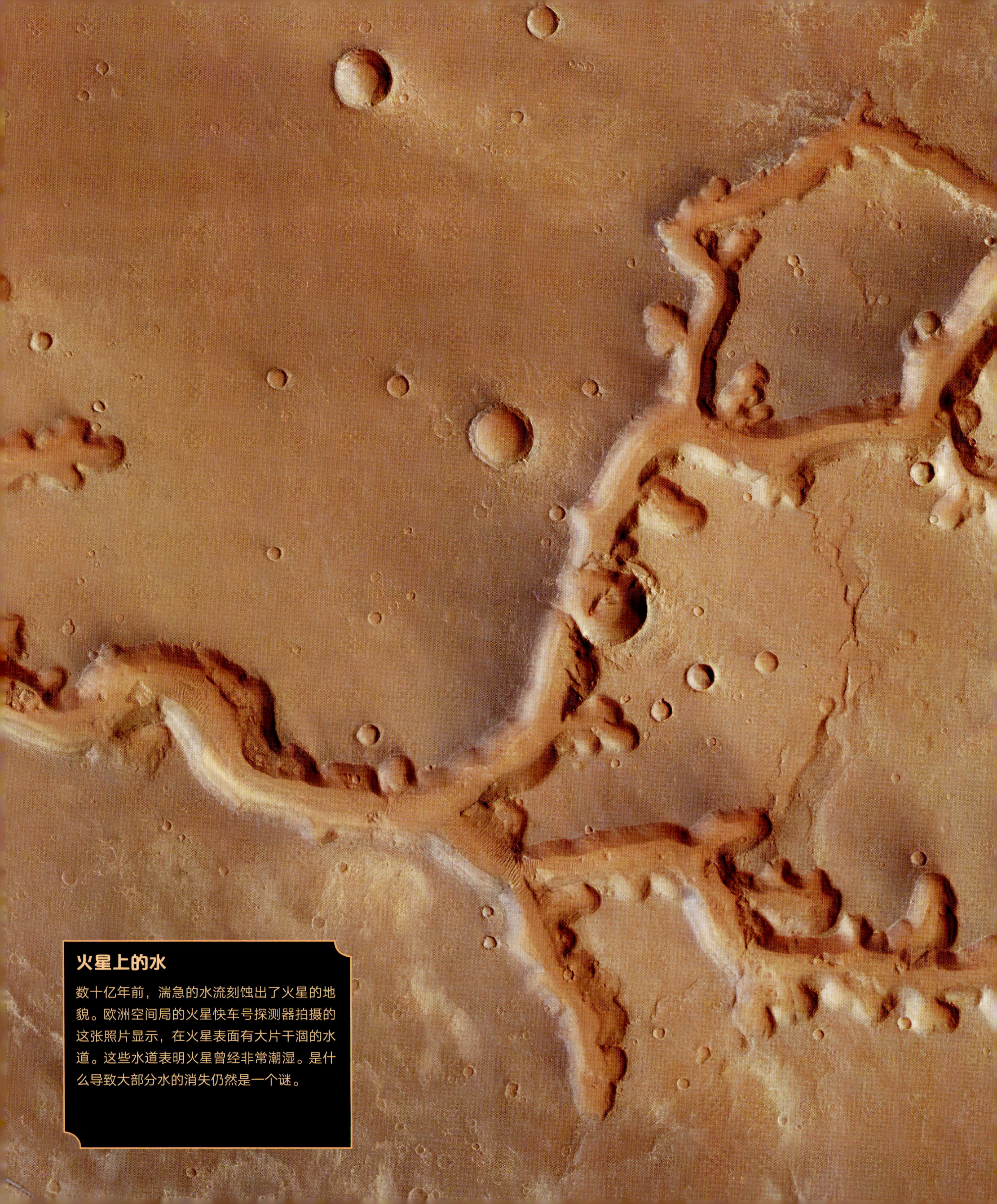

火星上的水

数十亿年前，湍急的水流刻蚀出了火星的地貌。欧洲空间局的火星快车号探测器拍摄的这张照片显示，在火星表面有大片干涸的水道。这些水道表明火星曾经非常潮湿。是什么导致大部分水的消失仍然是一个谜。

大约每两千年，就会有一颗直径有足球场那么长的小行星撞上地球。

艾达

1993 年，美国航天局的伽利略木星探测器在前往木星途中经过 243 号小行星艾达时，拍下了它的表面。科学家研究这些图像时发现，艾达有一颗自己的卫星——艾卫（载克太）。艾达是第一颗被发现拥有天然卫星的小行星。

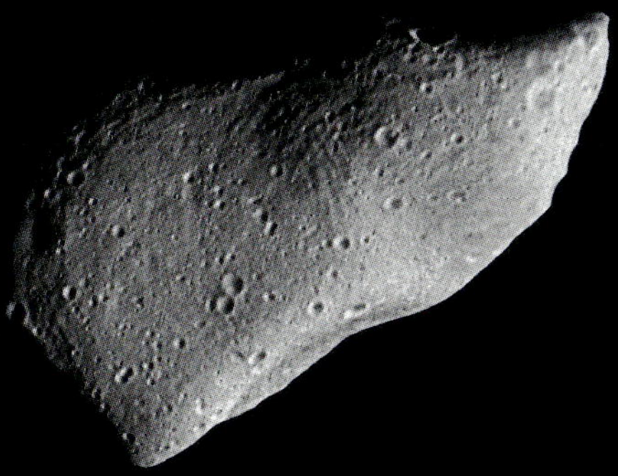

加斯普拉

这颗小行星绕太阳公转时，每 7 小时自转一周。它只有 18 千米长，但这张由美国航天局伽利略木星探测器拍摄的照片上显示它有 600 多个陨击坑。

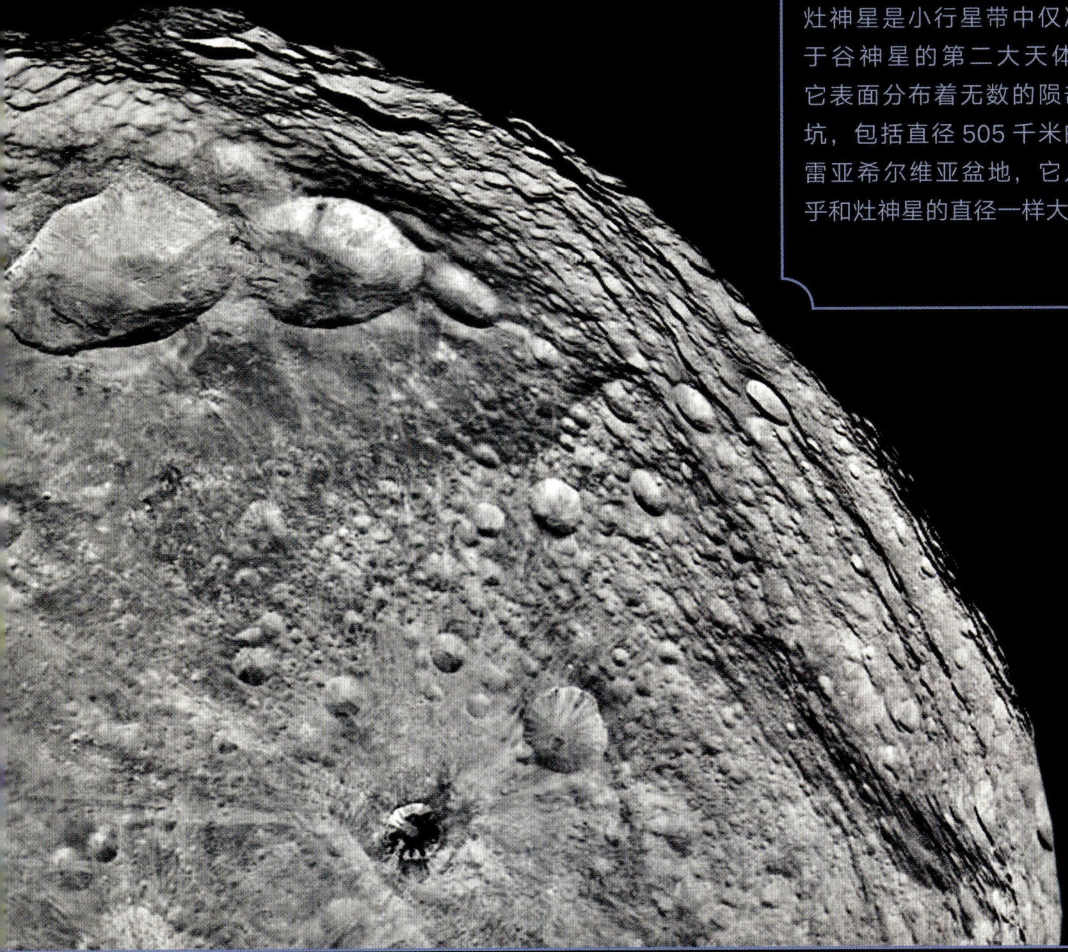

灶神星

灶神星是小行星带中仅次于谷神星的第二大天体。它表面分布着无数的陨击坑，包括直径 505 千米的雷亚希尔维亚盆地，它几乎和灶神星的直径一样大。

龙宫

日本探测器隼鸟 2 号于 2018 年抵达龙宫小行星，收集样本后返回了地球。科学家在样本中发现了有机分子——这些分子是地球上生命的组成部分。

石陨星

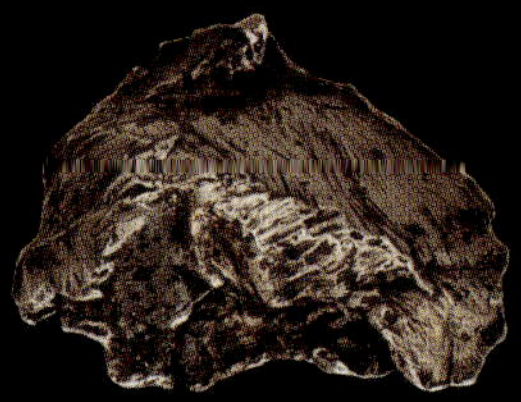
铁陨星

石铁陨星

陨星的种类

地球上发现的陨星主要有三种类型。最常见的是石陨星，主要由硅酸盐岩石构成。铁陨星的成分主要是铁镍合金，具有很强的磁性。最罕见的是石铁陨星，其中的硅酸盐矿物和金属含量相当，阜康陨星就是这种陨星。

太空来的珍宝

从太空坠落的岩石在地球上属于最稀有事物之列。尽管每年会有数以百万计的流星划过夜空，但只有一小部分，也就几千颗流星能在以超高声速穿越大气层的过程中“幸存”下来，以陨星的形式降落在地面。这个美轮美奂的陨星被认为形成于星子的内部深处，星子是在太阳系形成初期遗留下的大团碎石形成的。

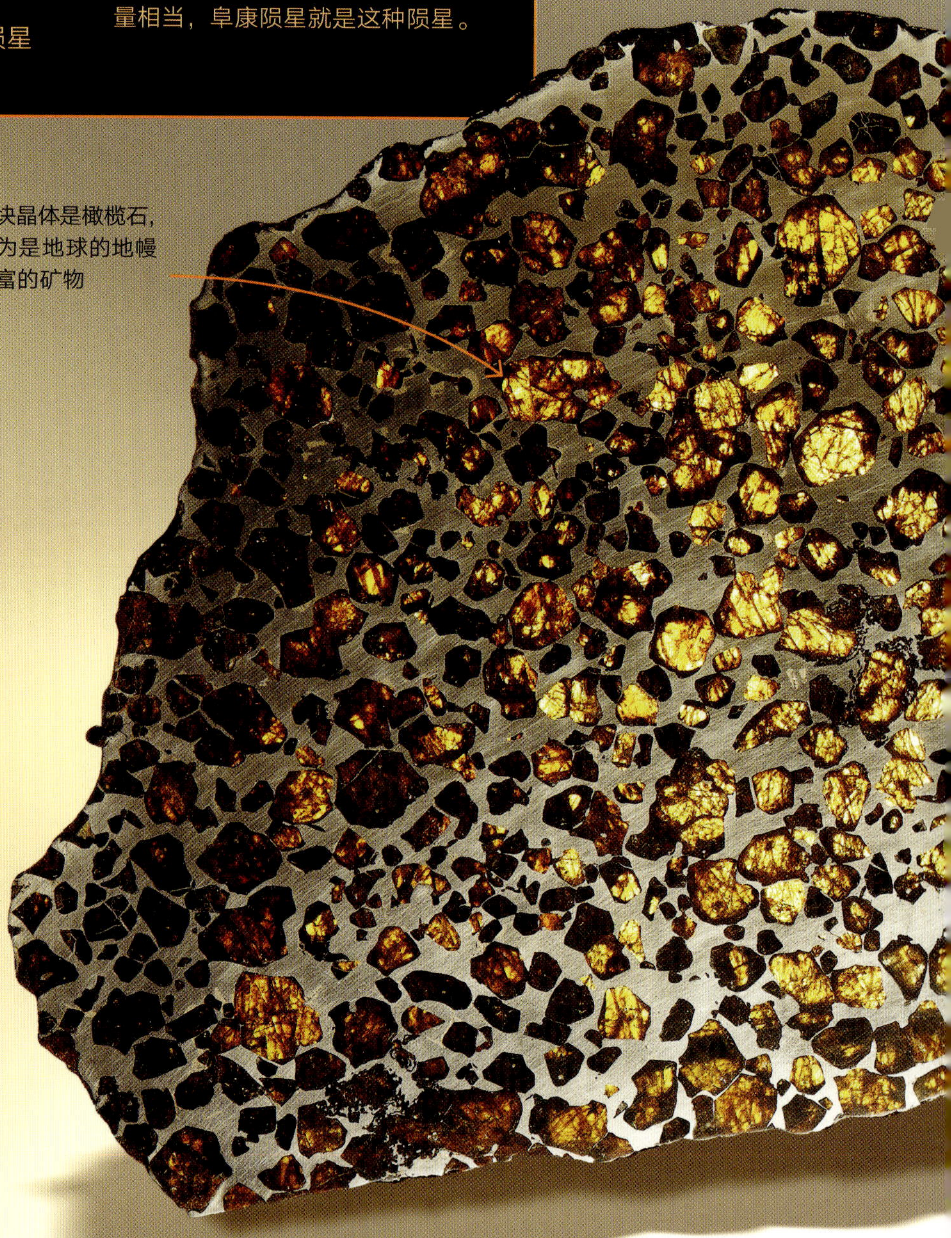

这些大块晶体是橄榄石，它被认为是地球的地幔里最丰富的矿物

阜康陨星是 2000 年在中国戈壁荒漠发现的。它是一块橄榄陨铁——石铁陨星的一类。这个月牙形的切片经过抛光，显得闪闪发光。

年龄

像阜康陨星这样的太空岩石有 45 亿年的历史，几乎和太阳系本身一样古老。

大小

阜康陨星被发现时重约 1 吨，是迄今为止发现的第三大橄榄陨铁。慢慢地，它被一点一点切割成小块用于研究。

起源

落在地球上的大多数陨星是在小行星带形成的。它们可能曾经是某颗小行星的一部分，直到那颗小行星后来被其他小行星碰撞成了碎片。

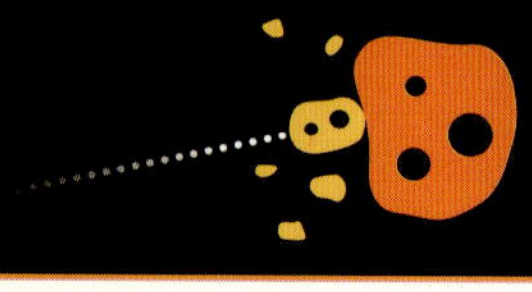

太空流浪者

科学家已经发现了大约 3.5 万颗近地小行星。它们大多数直径不到 1 千米。

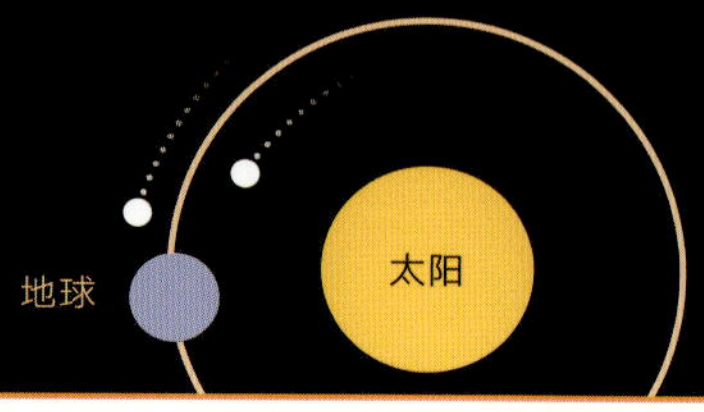

橄榄陨铁是一种最稀有也最有价值的陨星，每500块里才有一块。

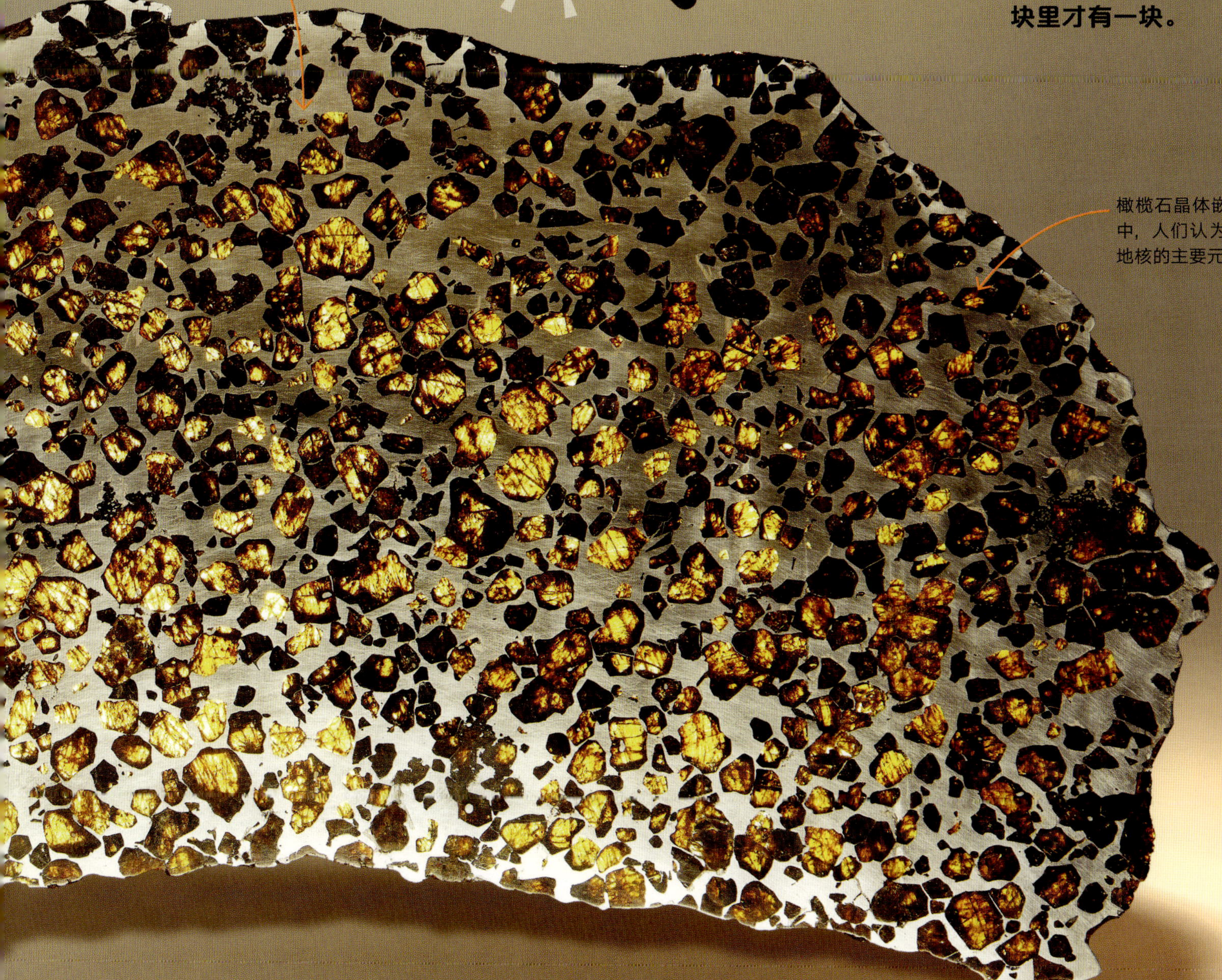

岩石的名称

太空岩石的名字随其接近地球的过程而变化：在太空中称为流星体；进入大气层后，叫作流星；如果落到地面，就成了陨星。

陨星的命名

陨星一般以它们的发现地命名。而图中这颗陨星所属的橄榄陨铁家族的英文名 pallasite 来自德国科学家皮特·帕拉斯（Peter Pallas）。他于 18 世纪 70 年代在西伯利亚研究当地发现的一块橄榄陨铁，当地人说它是从太空落下来的，帕拉斯不信，不过事实证明当地人是对的。

宝石

纯净透明的橄榄石晶体被视为珍宝，自古以来就被珍藏，古埃及人就把橄榄石称为来自太阳的宝石。

巴林杰陨星坑

大约 5 万年前，一颗流星冲向了地球。它撞击了现在的美国亚利桑那州，撞碎了 1.6 亿吨岩石。这次撞击形成了巴林杰陨星坑。它是地球上保存最完好的陨击坑之一。它也被美国航天局用来训练阿波罗计划的航天员。

与岩石会合

美国航天局的奥西里斯王号小行星探测器任务实现了一个惊人且雄心勃勃的目标。它在太空中高速飞行的同时，从小行星贝努（101955 号小行星）上采集了岩石样本，又成功地把样本带回了地球。贝努被认为形成于太阳系形成的早期。通过分析岩石样本，科学家可以更多地了解太阳系是如何形成的。

小行星贝努在 22 世纪末撞击地球的概率是 1/1750。

令人惊讶的是，贝努表面很活跃，经常将松散的岩石抛进太空

小行星贝努

贝努是古埃及神话中的一种鸟。小行星贝努大致是钻石形状的，平均直径约 500 米。人们认为这颗小行星有潜在威胁，是因为它的轨道可以使它与地球很接近。当奥西里斯王号小行星探测器接近贝努时，它拍摄了这颗小行星的图像，以供美国航天局选择一个能够着陆的采样点。这张照片是由奥西里斯王号从大约 24 千米之外拍摄的。

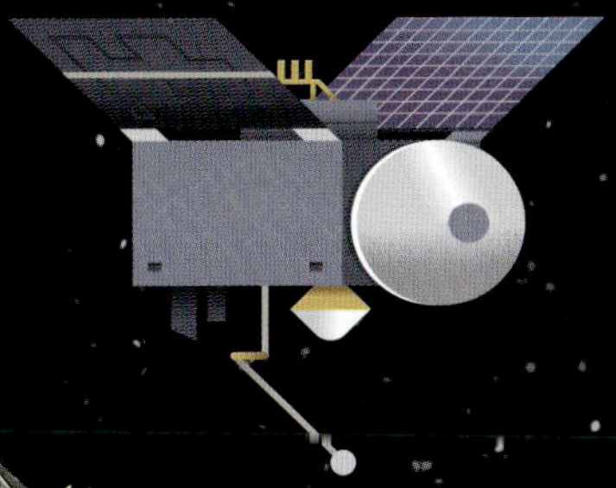

奥西里斯王号飞行了大约 70 亿千米才将样本带回地球。

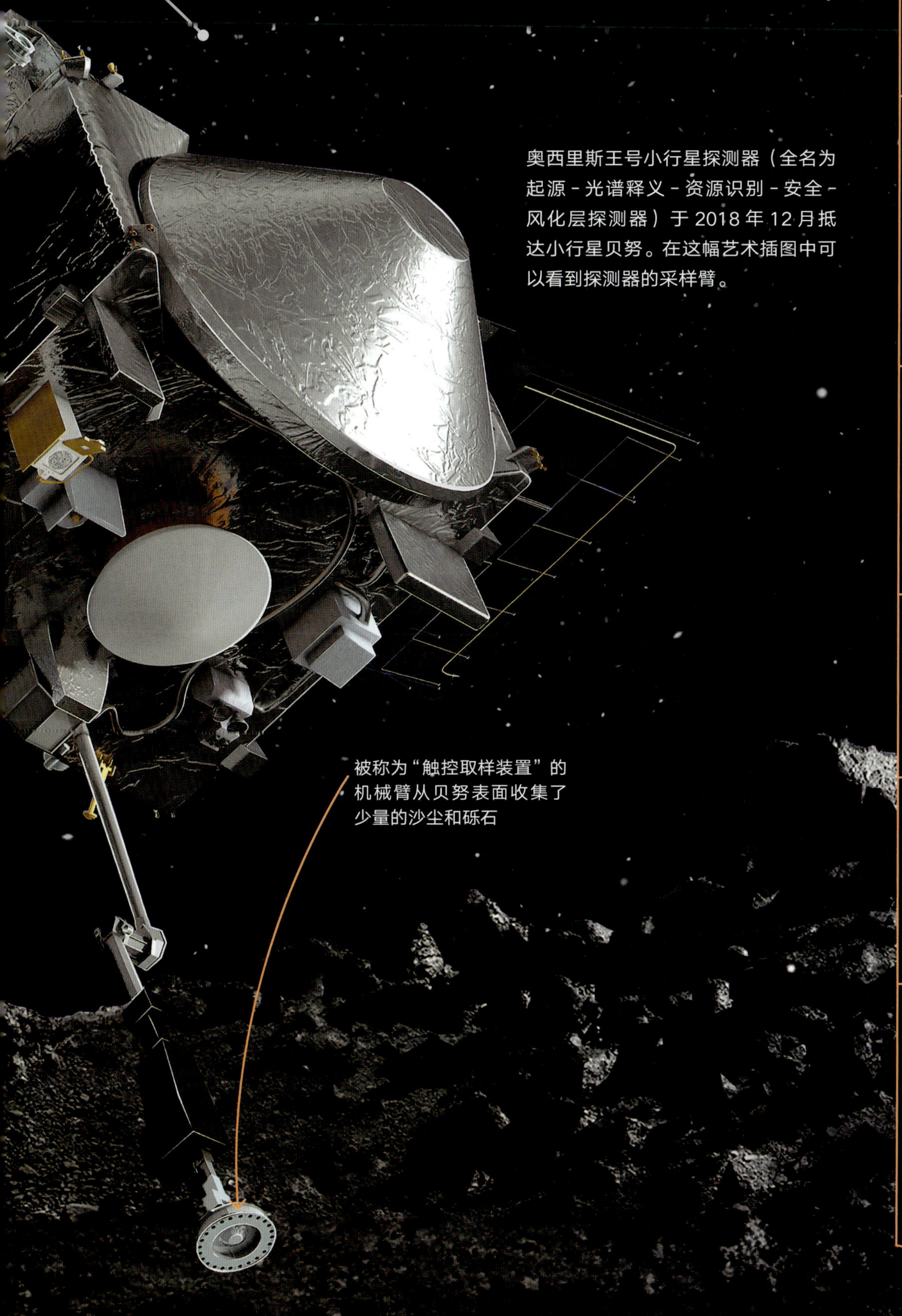

奥西里斯王号小行星探测器（全名为起源－光谱释义－资源识别－安全－风化层探测器）于 2018 年 12 月抵达小行星贝努。在这幅艺术插图中可以看到探测器的采样臂。

被称为“触控取样装置”的机械臂从贝努表面收集了少量的沙尘和砾石

发射日期

2016 年 9 月 8 日

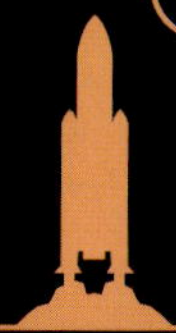

采样时间

采样头接触贝努表面的时间只有 6 秒钟。大部分样本是在最初 3 秒钟内采集的。

样本返回舱

2023 年 9 月，样本返回舱以 44500 千米 / 时的惊人速度重新进入地球大气层，然后在美国犹他州的荒漠中着陆。

岩石回收

返回舱携带了大约 120 克沙尘和砾石，是科学家预期数量的两倍多。

分析结果

这些样本揭示了有机分子和含水矿物的存在，它们都是生命必需的物质。

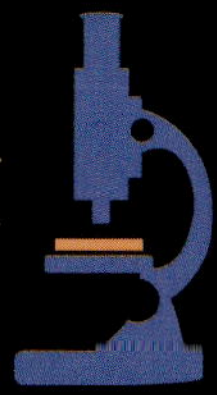

下一项任务

奥西里斯王号现在更名为奥西里斯－毁神星探测器（OSIRIS-APEX），以研究近地小行星毁神星（99942 号小行星）。

类似的太空任务

日本的隼鸟任务收集并带回了来自丝川小行星（2010 年）和龙宫小行星（2020 年）的样本。

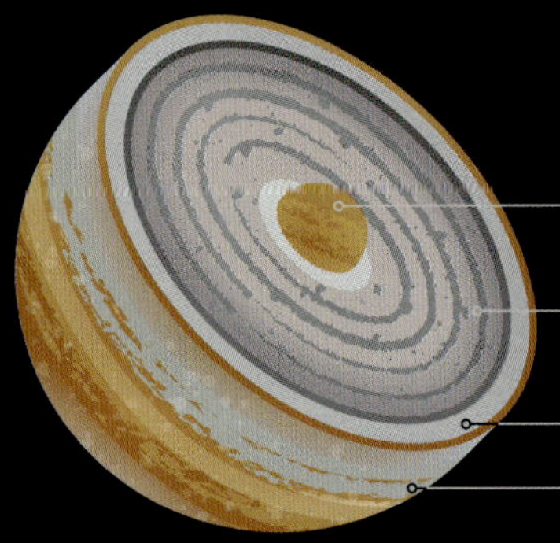

气态星球

木星没有固态表面。它的大气层主要由氢气和一些氦气组成。在大气层下面，压力巨大，氢以液态存在。致密岩核被金属氢包围，即此处的氢表现得像液态金属。

气态巨行星

木星是一颗极为庞大的行星。把太阳系的其他所有行星都装进木星里面，还能有多余的空间。它由气体组成，物质含量是太阳系其他所有行星物质总和的两倍。木星的一切都是庞大的，包括它的风暴——许多都是地球的大小。其中一些相互碰撞，形成更大的风暴。

木星旋转得非常快，所以它的形状不是标准的球形，而像是被压扁了，中间略微凸起。

木星上有源源不断的带电粒子，为它永不停息的极光提供能量。

木星的南极被顺时针旋转的风暴主宰着，这些风暴似乎还会改变大小、形状，甚至颜色

这张木星照片是由美国航天局的朱诺号木星探测器拍摄的，在这张色彩增强的照片中，木星那像大理石一样的壮观特征仿佛有了生命。

气体云从木星内部升
起，形成横跨其表面
的彩色云带

直径

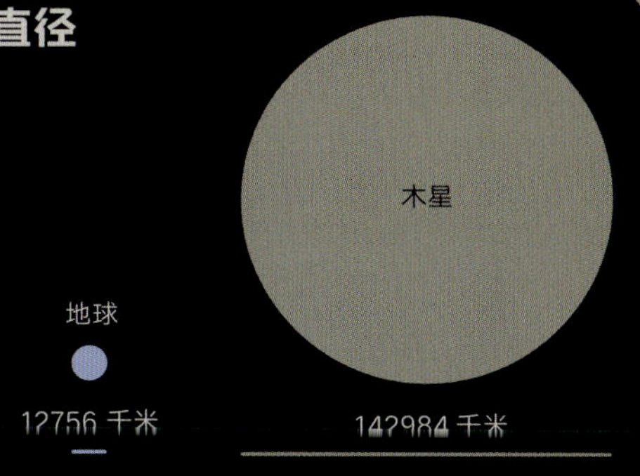

一年

地球 365 天

木星 4332 地球日

一天

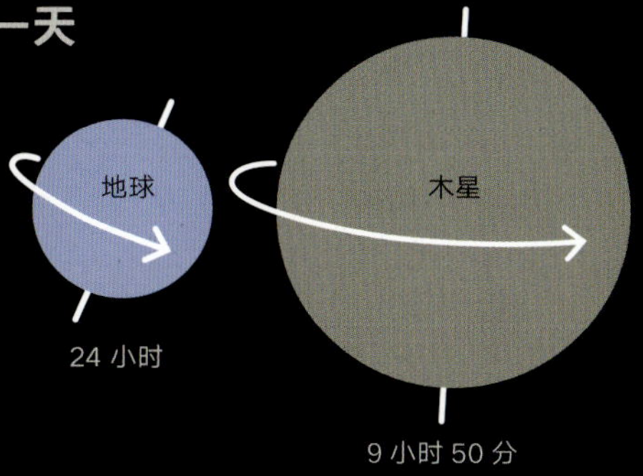

云顶温度

零下 108 摄氏度

巨大的撞击

2009年，木星被一颗小行星或彗星撞击，侧面留下了一道黑色的“伤疤”。这次撞击堪比几千颗核弹爆炸，它造成的这个“伤疤”非常大，面积相当于地球上最大的海洋太平洋。

急流

急流是大气中风速大而范围窄的气流。木星上绕木星赤道旋转的急流的速度可达515千米/时。这相当于地球上最具破坏性的5级飓风速度的两倍。

大红斑

木星的大红斑是太阳系中最大的风暴。它横跨 16350 千米，比地球的直径还宽，已经肆虐了大约 190 年。较小的风暴会被卷入它强大的旋涡——被合并，以便为这个巨大的风暴提供能量，或者被其中的湍流撕裂。

木卫一 伊奥

木卫一是木星的第三大卫星，上面分布着数百座活火山，如库兰山口（上图）。围绕着火山口的是不同年代的熔岩。

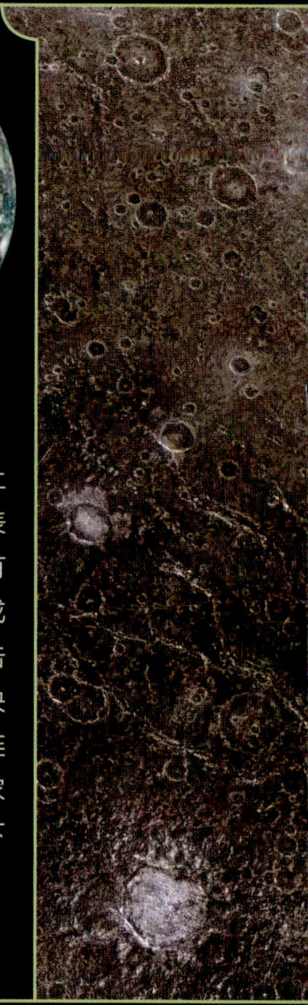

木卫四 卡利斯托

与木卫一不同，木卫四上没有活火山。这颗卫星表面覆盖着岩石和冰，还有数十亿年来陨星撞击造成的古老陨击坑。许多陨击坑都有多个环，就像一块石头掉进池塘里激起的涟漪被冻结起来了。科学家认为这颗卫星的表面之下可能有一层含盐液体。

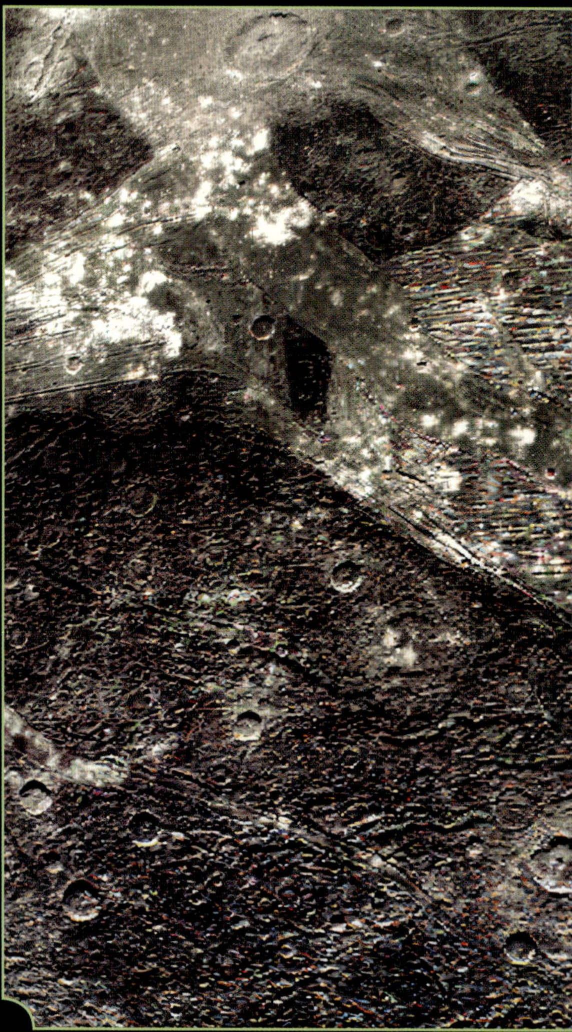

木星的众多卫星

木星有几十颗天然卫星。其中最大的四颗卫星被称为伽利略卫星，它们和行星一样独特、迷人。木卫二、木卫三和木卫四这三颗伽利略卫星的表面特征表明，它们拥有巨大的地下咸水海洋，这使它们成为寻找地外生命的科学家们关注的焦点。另一颗伽利略卫星木卫一，则是太阳系中火山最多的星球。

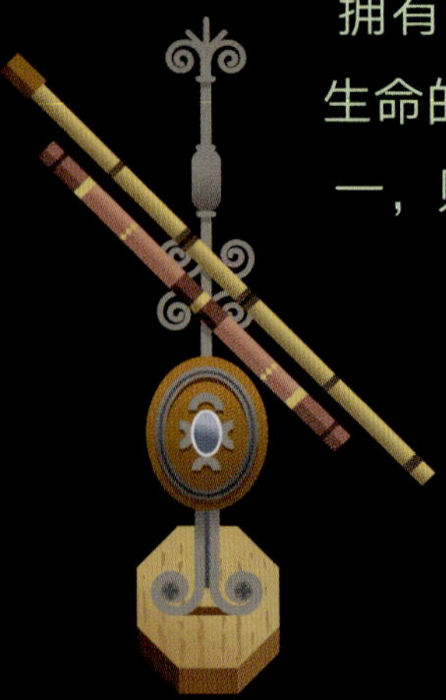

木星的伽利略卫星是以意大利科学家伽利略·伽利莱的名字命名的，他在1610 年发现了这些卫星。

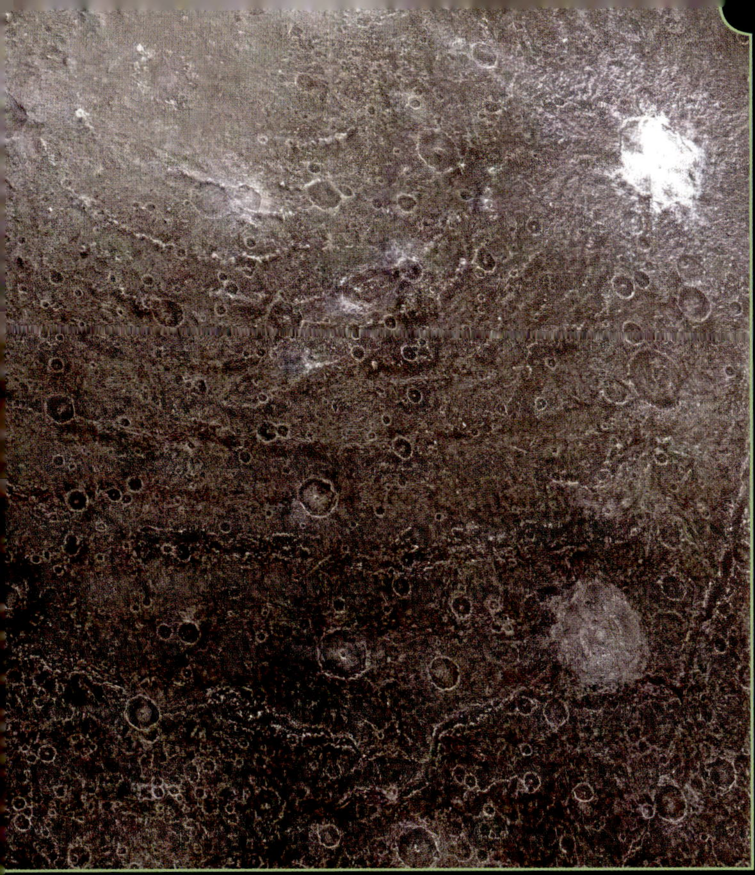

木卫二 欧罗巴

木卫二表面纵横交错的裂缝与褶皱表明，在这颗卫星的冰冻外壳之下存在着一片广袤的液态海洋。海洋的潮汐作用致使外壳破裂，碎块漂移到新的位置后重新冻结。右图中颜色较深的橙色区域显示了从下方渗出的水结冰并填补了裂缝。

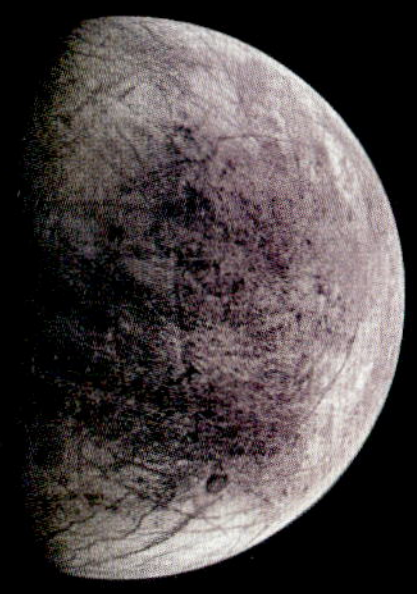

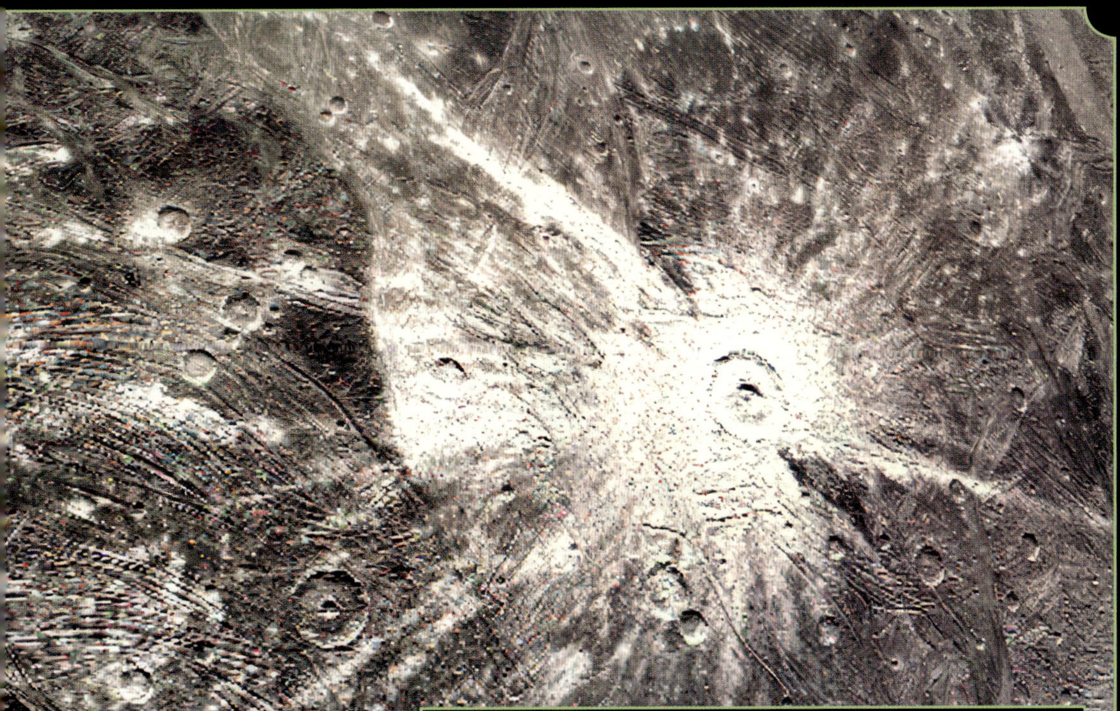

木卫三比地球小得多，但其冰冻外壳下的海洋可能比地球海洋中的水多，因为它们的深度是地球海洋的 30 倍。

木卫三 甘尼米德

木卫三的大部分表面有着奇怪的沟槽和山脊，其中一些绵延数千千米。当然，木卫三上也有较为光滑的区域，这表明构造作用力影响了它的冰冻外壳。

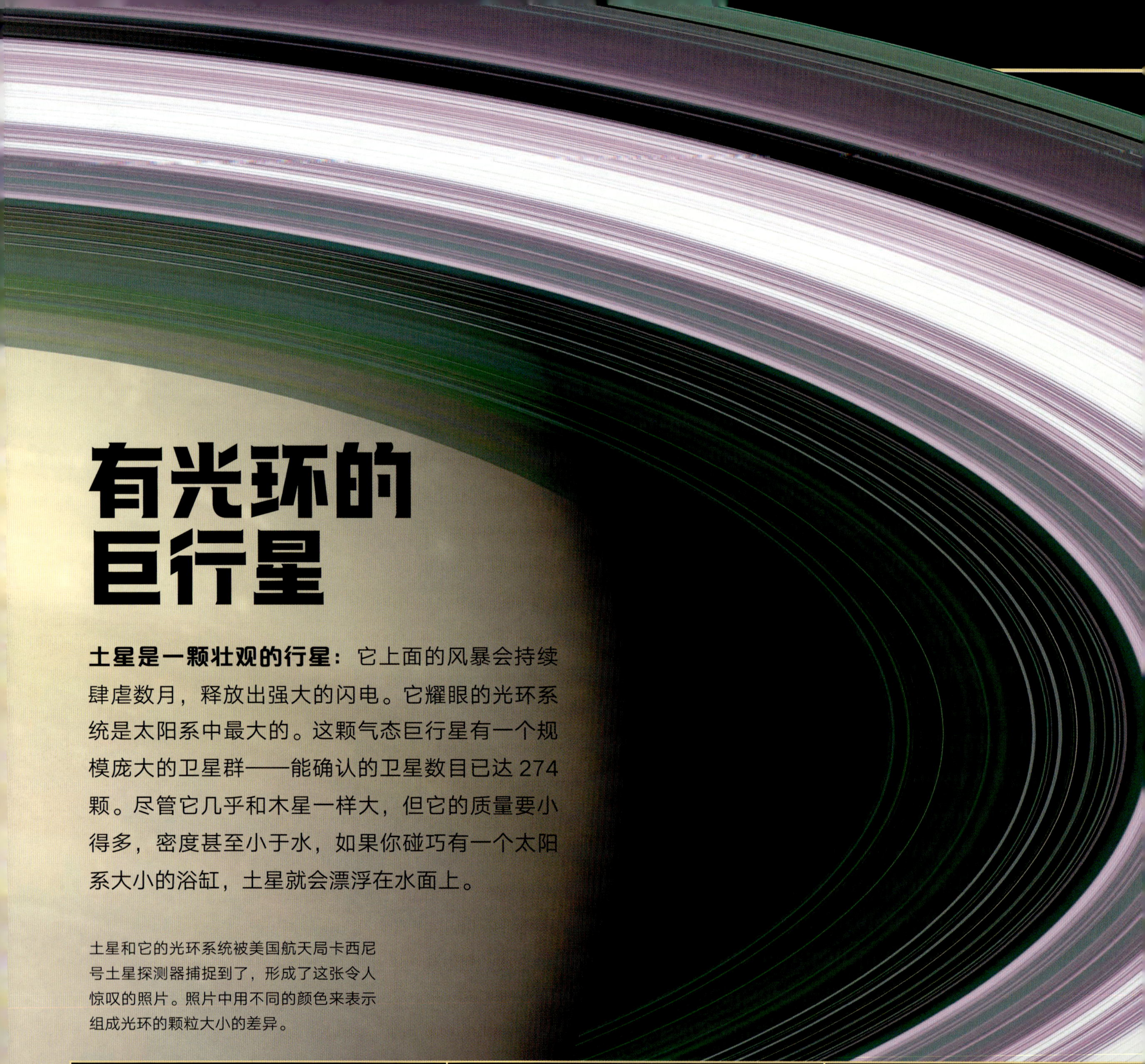

有光环的巨行星

土星是一颗壮观的行星：它上面的风暴会持续肆虐数月，释放出强大的闪电。它耀眼的光环系统是太阳系中最大的。这颗气态巨行星有一个规模庞大的卫星群——能确认的卫星数目已达 274 颗。尽管它几乎和木星一样大，但它的质量要小得多，密度甚至小于水，如果你碰巧有一个太阳系大小的浴缸，土星就会漂浮在水面上。

土星和它的光环系统被美国航天局卡西尼号土星探测器捕捉到了，形成了这张令人惊叹的照片。照片中用不同的颜色来表示组成光环的颗粒大小的差异。

直径

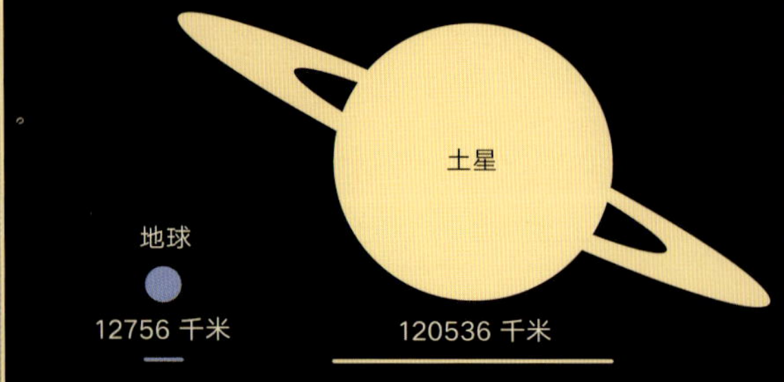

一年

地球 **365 天**

土星 **10747 地球日**

云顶温度

零下 139 摄氏度

一天

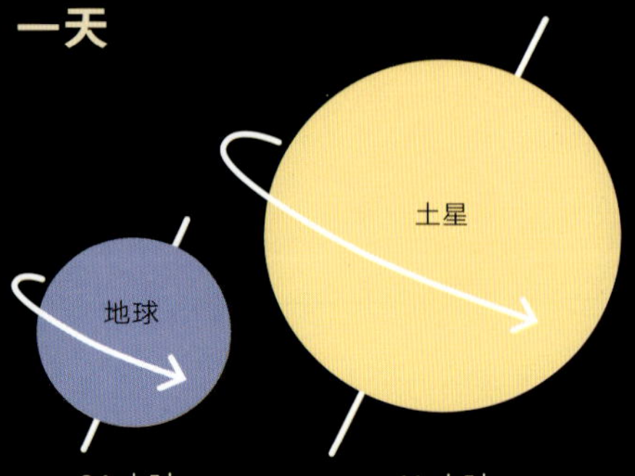

六边形风暴

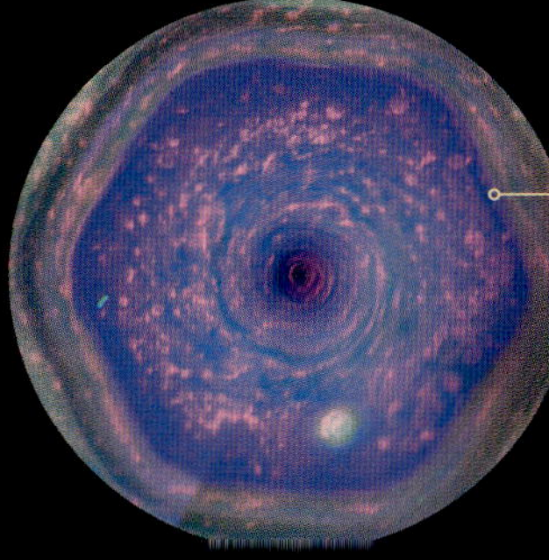

土星北极上空高悬着一场不寻常的六边形风暴，它已经肆虐了几十年。这场风暴的尺度大小是地球的两倍，向土星大气层深处延伸 100 千米。

大约每隔 30 年，比地球还大两倍的巨大风暴就会席卷土星表面。

以 50 千米 / 时的速度穿越土星环要用 345 天。

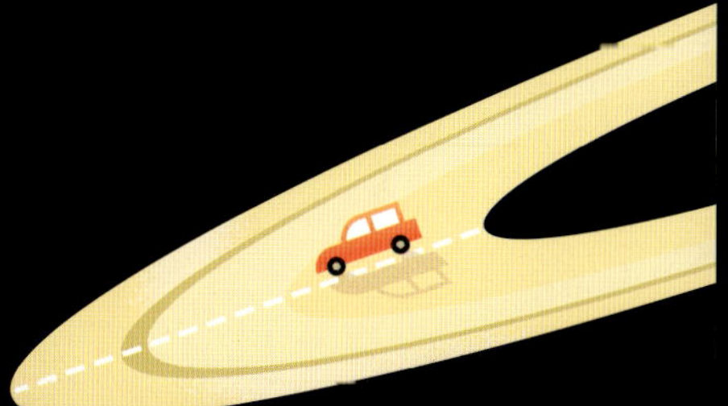

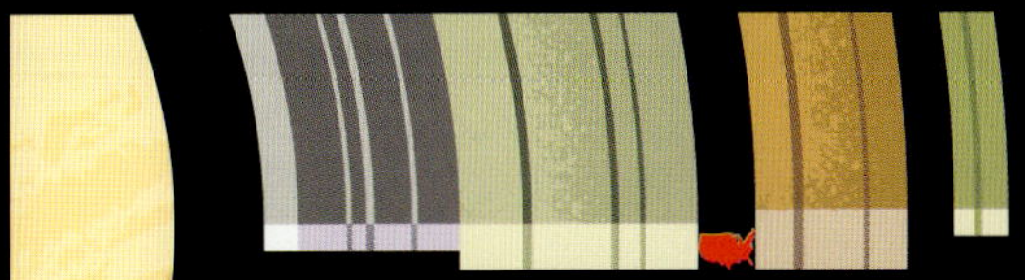

环缝

土星环上有几个环缝，是由其卫星的引力作用造成的。最大的是卡西尼环缝，宽 4700 千米，足以放得下整个美国。

带光环的行星们

木星、天王星和海王星都有光环，但它们较难被看到，而且包含的物质也比土星光环少得多。

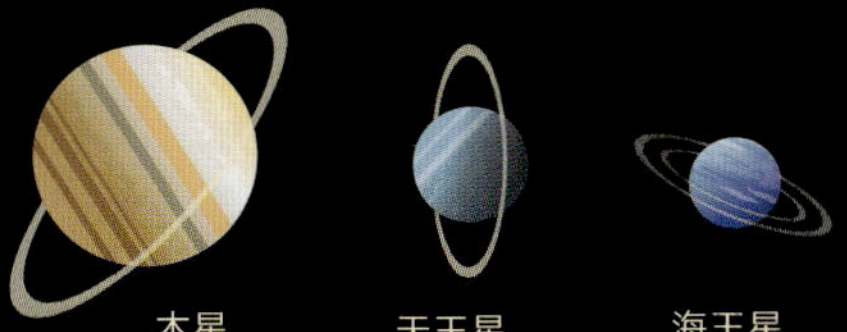

光环的组成

土星光环是由无数冰块、岩石和尘埃组成的，这些碎片被认为是彗星、小行星或卫星的碎片。有些有房子那么大，有些还没有积木大。

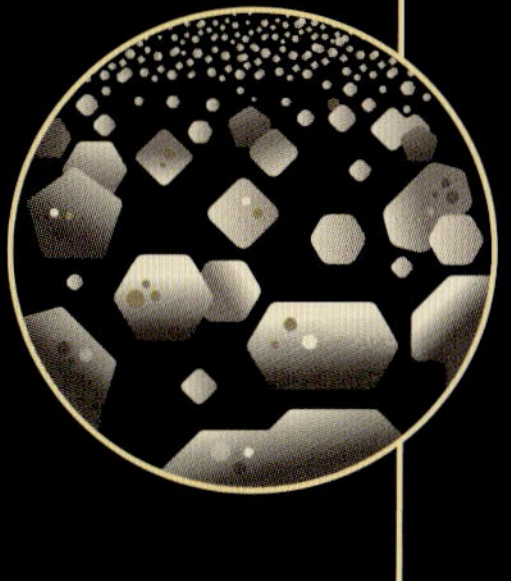

明亮的土星环

在这张由美国航天局卡西尼号土星探测器拍摄的令人惊叹的照片中，土星的光环在太阳的照耀下闪闪发光。科学家认为土星环系统形成于 1000 万到 1 亿年前，土星的引力阻止了土星环碎片形成卫星。土星主环的跨度有 28 万千米，但非常薄，据测量其厚度不超过 10 米。

土星的众多卫星

土星是太阳系中卫星最多的行星。这个有 274 颗卫星的庞大集群里，成员大小不一，各具特色。在土星众多卫星中，最早被发现的是 1655 年发现的土卫六泰坦。370 多年后，科学家仍在寻找新的卫星。

科学家认为，土星环和其他许多卫星是两颗巨大的冰卫星相撞形成的。

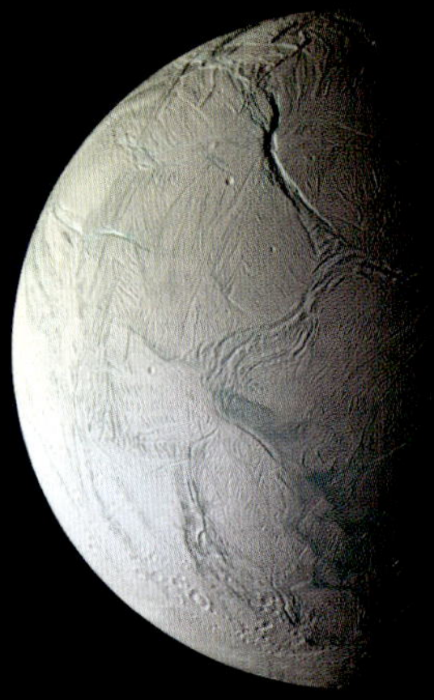

土卫二 恩克拉多斯

土卫二是太阳系中反射性最强的天体之一。这是因为它表面覆盖着一层薄薄的冰。科学家认为，它可能是少数几个在其表面下有液态水海洋的星球之一。土卫二还有 100 多座冰火山，这些冰火山不断将冰和其他物质喷到它的表面。其中一些冰状物质被抛入太空，最终进入土星的外层光环。

土卫四 狄俄涅

土卫四的冰冻表面布满了陨击坑、巨大的峡谷和悬崖。这颗卫星在土星的外侧光环里，每 2.7 天绕土星一圈，并伴随着两颗形状不规则的小卫星：土卫十二海伦和土卫三十四波吕丢克斯。

土卫七 许珀里翁

并非所有的土星卫星都是球形的。土卫七是不规则卫星中最大的一颗。撞击形成的深坑使土卫七具有不同寻常的海绵状外观。这颗卫星大约有 40% 的空间是空洞。由于它奇特的形状，土卫七在轨道上混乱地翻转，公转周期是 21 天。

土卫九 菲比

与土星的大多数卫星不同，土卫九在轨道上逆时针旋转，公转周期为 18 个月。土卫九表面的暗处布满了巨大的陨击坑。其他小天体撞击土卫九的时候，溅起的碎片也落到了土星光环和土卫八的上面，增加了它们的质量。

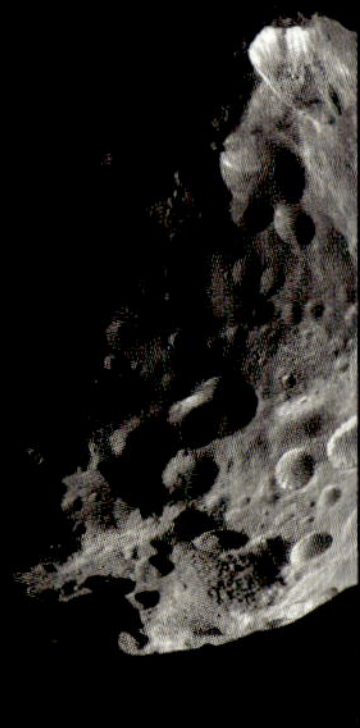

土卫十八 潘

这颗不寻常的卫星收集土星环上的物质，这些物质目前形成了一个环绕土卫十八的巨大山脊。土卫十八在这颗气态巨行星的光环上运行，被称为“牧羊人卫星”，因为它在环缝内“放牧”光环物质。

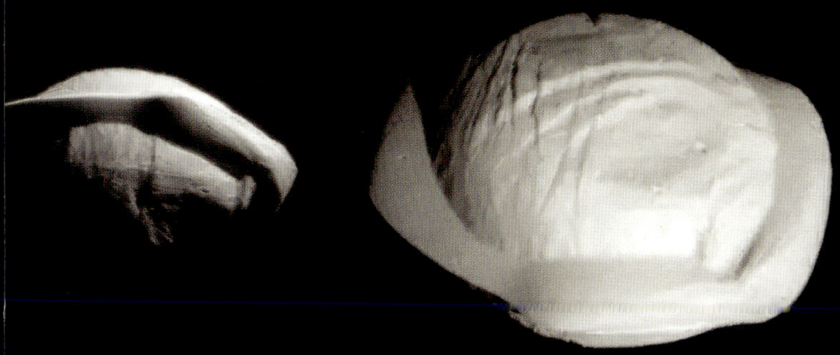

土卫八 伊阿珀托斯

土卫八是一颗外形奇特的卫星，一面明亮，一面黑暗。确切的原因尚不清楚。一些科学家认为，这些黑色物质来自另一颗卫星，而另一些科学家则认为，这颗卫星表面下的火山爆发可能是产生这些黑色物质的原因。

土卫六 泰坦

土星最大的卫星土卫六是太阳系第二大卫星，仅次于木卫三，而木卫三也只比它大2% 左右。土卫六的大气层很厚，所以它看起来很朦胧。它的表面也有乙烷和甲烷的液态河流流过。这张土卫六图像是由美国航天局的卡西尼号土星探测器拍摄的合成红外图像。

土卫三十五 达佛尼斯

土卫三十五是在土星光环内发现的另一颗卫星。当这颗卫星绕着行星运行时，卫星的引力会影响光环内的物质，在光环的边缘产生波浪形的涟漪。

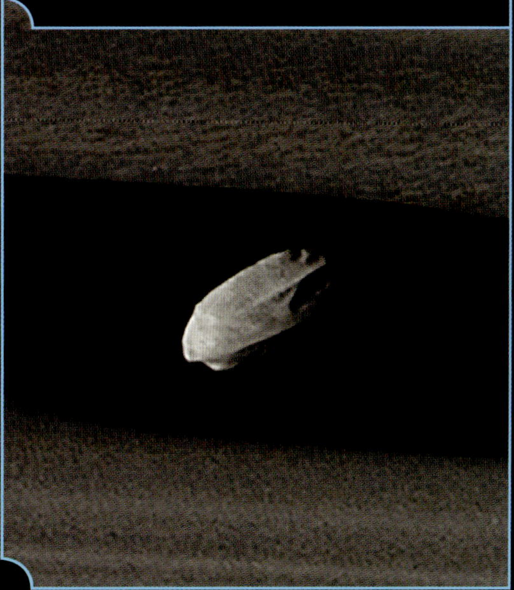

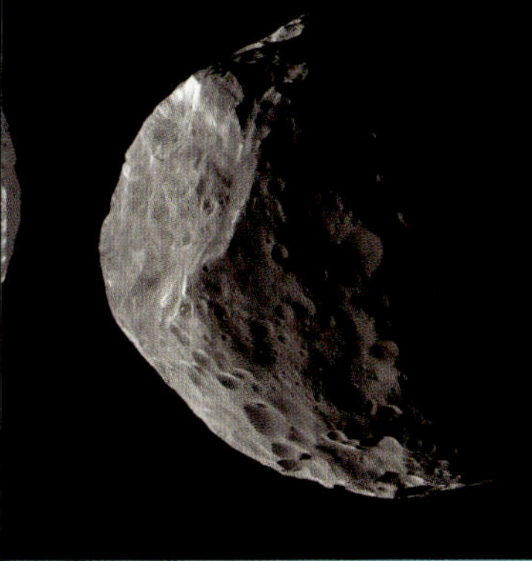

土卫一 米玛斯

土卫一是土星的主要卫星中最小的，也是离这个气态巨行星最近的。它表面遍布陨击坑，其中就有巨大的赫歇尔陨击坑，这个陨击坑宽 140 千米，它这么大，却没有摧毁土卫一，科学家都很惊讶。

发射时间

1997 年 10 月 15 日

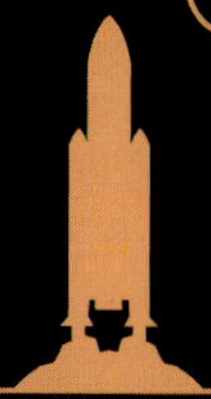

旅程时间

卡西尼号花了 7 年时间到达土星，利用金星和木星的引力来加快旅程。

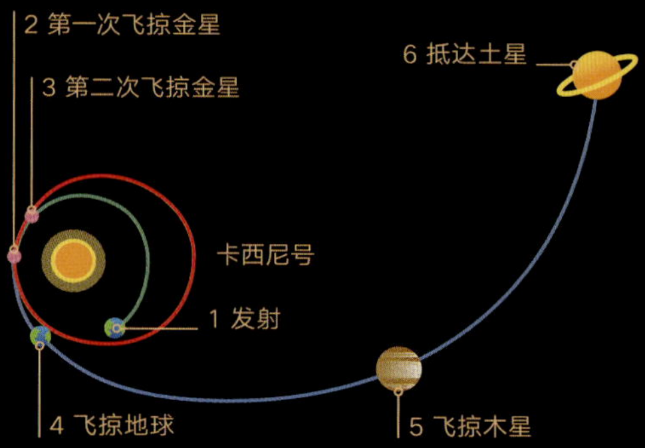

大小

长 **6.7 米**

宽 **4 米**

最大速度

158273 千米 / 时

唤醒呼叫

在前往土星的过程中，卡西尼号土星探测器被设置为低功率模式，美国航天局不时地重新激活它，以确保它仍在工作。

惠更斯号着陆器

2005 年，惠更斯号在土卫六上着陆，这是迄今为止人类航天器完成的最遥远的着陆。惠更斯号着陆器在土卫六上运行了大约 3.5 小时。

卡西尼号收集了 635 吉字节的数据，相当于 15.9 万张高分辨率照片。

卡西尼号的通信天线直径约为 4 米——它必须很大，才能跨越土星和地球之间的巨大距离发送信号

卡西尼号于 2017 年燃料耗尽后结束了使命，一头扎进了土星的大气层。直到最后时刻，它都在继续拍摄着照片。

探索土星

卡西尼号是绕土星运行的大型航天器。在 13 年的时间里，它对土星进行了非常详细的研究。卡西尼号发现了两个新的环，并确认了环绕着这颗行星的七颗以前不为人知的卫星。它算出了土星一天的长度，还观察了土星上独特的六边形风暴的季节性颜色变化。它携带了一个名为惠更斯号的小型着陆器。

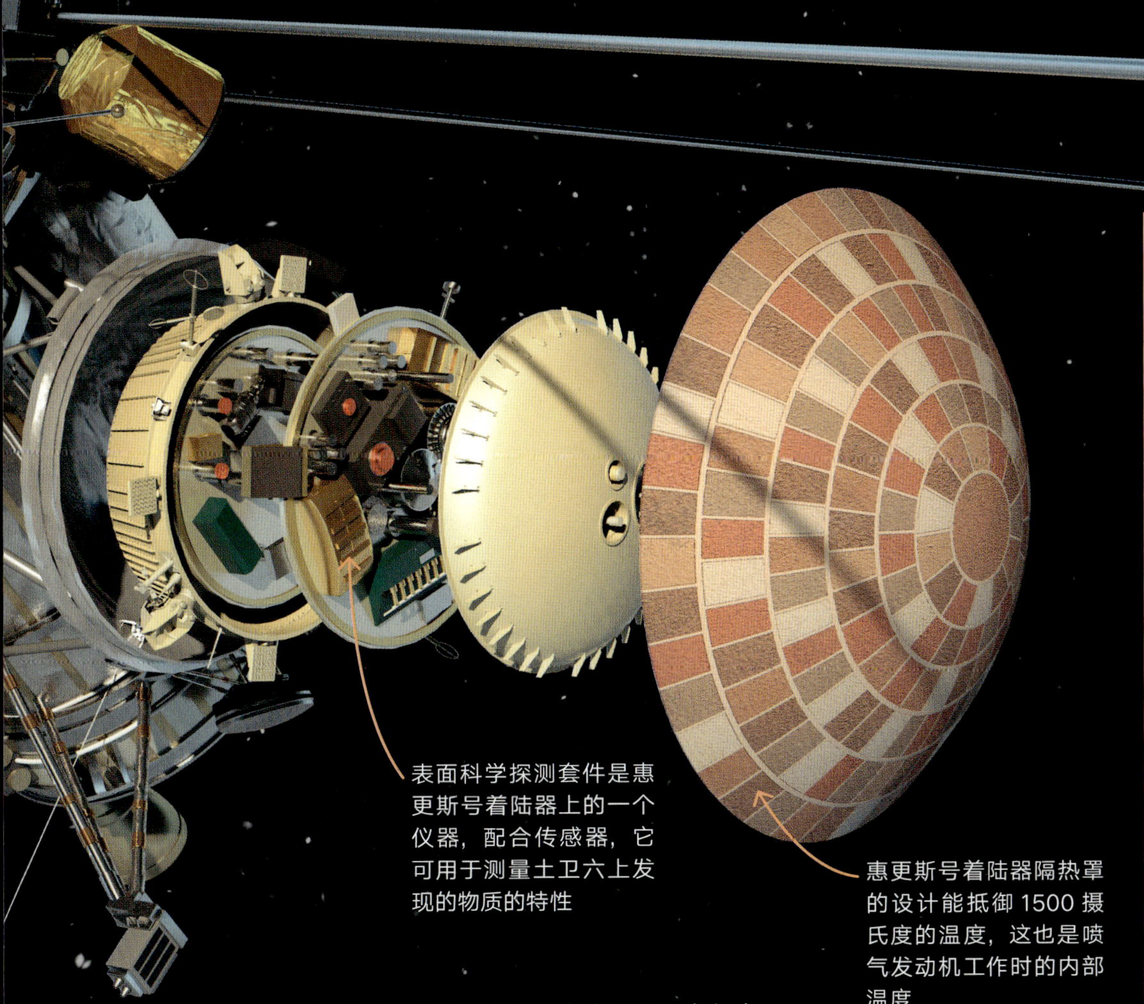

卡西尼号土星探测器是一个国际合作项目，参与方包括美国航天局、欧洲空间局和意大利空间局。这是一项复杂的任务，因为它涉及操控两架探测器，它们最终将分开进行各自的科学探索。

土卫六上的惠更斯号

惠更斯号着陆器任务的重点不是土星，而是它最大的卫星土卫六。这架着陆器与卡西尼号共同飞行了 7 年后分离出来，用降落伞落在土卫六表面。惠更斯号发现了甲烷湖泊，以及布满橙褐色鹅卵石的地貌。

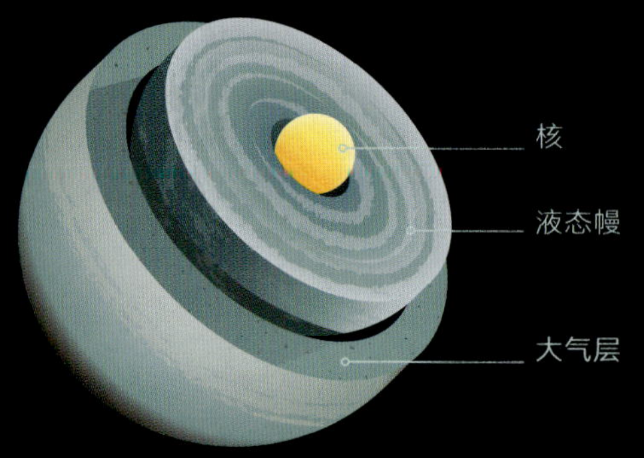

冰质巨行星

天王星的大气层主要由氢气、氦气和一些甲烷组成，因此这颗行星呈现出独特的蓝色。但与气态巨行星木星和土星不同的是，天王星的小而致密的核外包裹着一层由水、氨和甲烷组成的冰壳。

侧躺旋转

天王星是一个奇特的星球。它是太阳系中唯一一颗侧躺着绕太阳运行的行星。这种侧向倾斜导致了最极端的季节变化——每个极点会经历 42 年的白天和 42 年的黑夜。像太阳系中的气态巨行星一样，天王星也有光环。

天王星是太阳系中最冷的行星。

天王星的大气层中含有硫化氢，这种化学物质也是臭鸡蛋散发出难闻的气味的原因。

天卫五拥有太阳系中最高的悬崖——它的高度几乎是美国大峡谷深度的 4 倍。

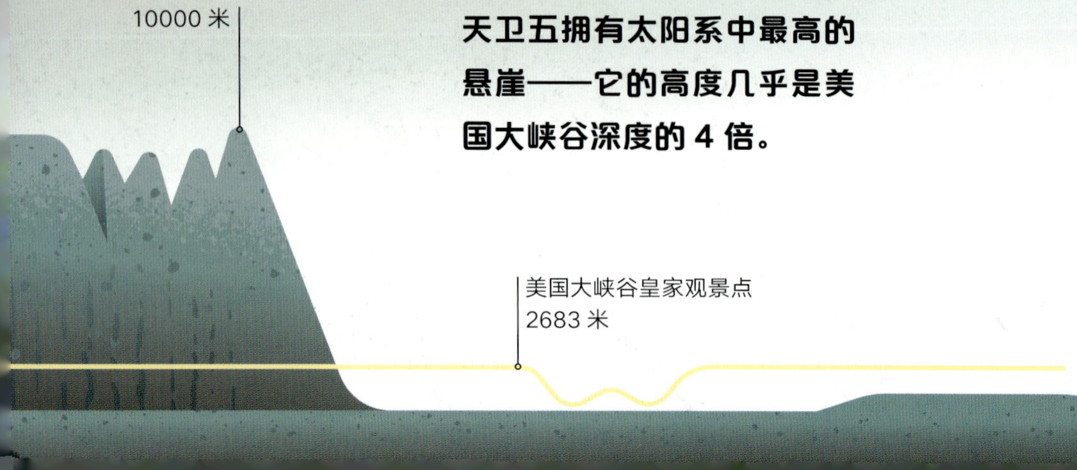

在由美国航天局旅行者 2 号拍摄的这张照片中，我们可以看到天王星基本上没有任何特征，但在它的北极周围已探测到大规模风暴和红外极光。

直径

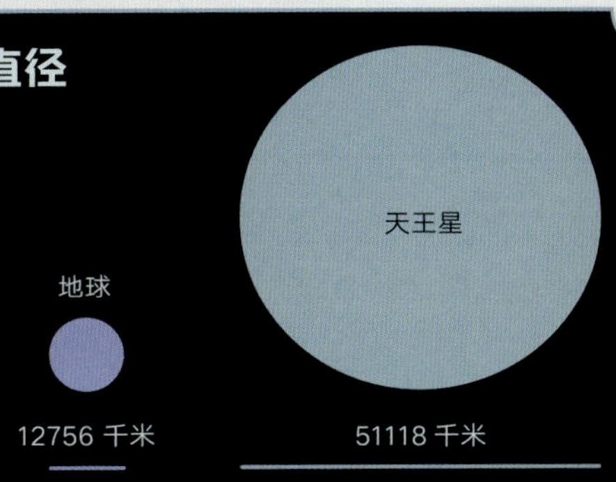

一年

地球 **365 天**

天王星 **30688 地球日**

一天

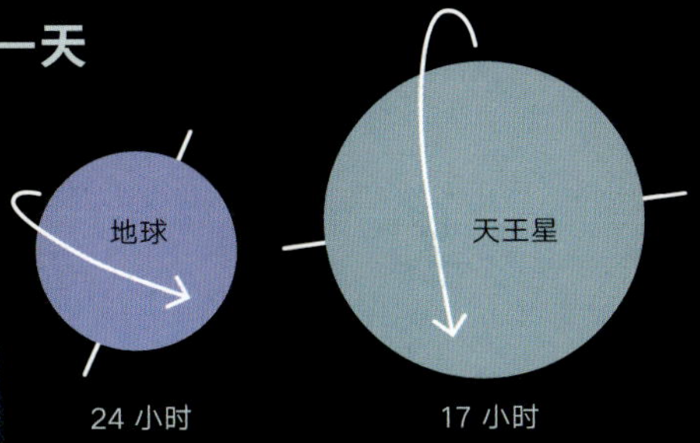

云顶温度

零下 197 摄氏度

极光

天王星的磁场与自转轴夹角约 60°，所以它的极光远离两极。

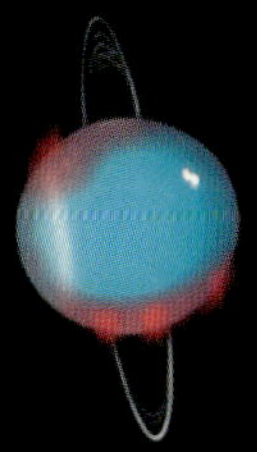

光环和卫星

天王星有 13 个暗淡的环和 27 颗已知的卫星，它们也在躺着旋转。这些光环是由尘埃构成的，很难看到，因为它们没有反射太多的阳光。这张照片是由韦布空间望远镜拍摄的，它捕捉到了天王星环系统、卫星（蓝点）和北极冠气旋。

直径

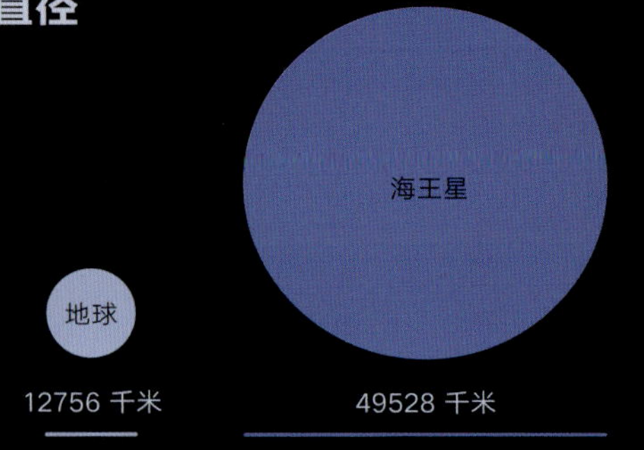

一年

地球 365 天
海王星 60190 地球日

一天

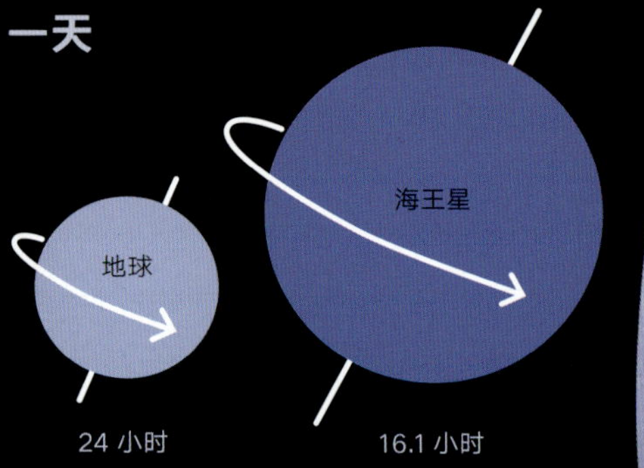

云顶温度

零下 201 摄氏度

卫星

到目前为止，已经发现有 16 颗卫星围绕海王星运行。其中只有海卫一是球形的。

海卫一

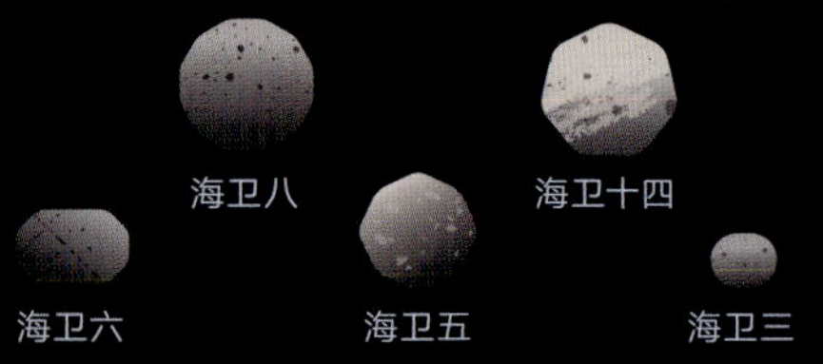

黄金唱片

美国航天局于 1977 年发射的旅行者 2 号探测器花了 12 年时间才到达海王星。在这次漫长的任务中，它携带了一张黄金唱片，上面刻有音乐、55 种语言的问候语、图像，以及来自地球的声音。

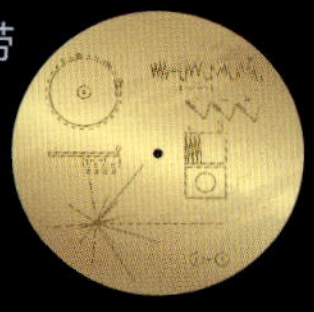

在海王星上看到的线状云和带状云是由太阳系中速度最快的风吹出来的

1989 年，美国航天局的旅行者 2 号捕捉到了海王星的巨大风暴——大黑斑。旅行者 2 号是第一艘观测海王星的探测器。

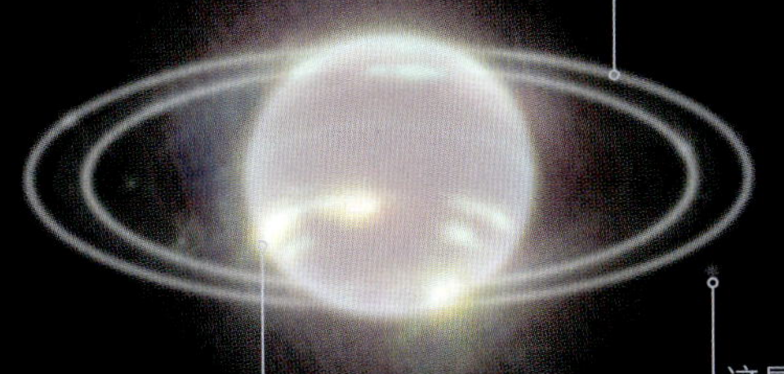

尘埃环

美国航天局的韦布空间望远镜捕捉到了这张海王星及其暗淡的尘埃环的壮观红外图像。这五条光环似乎正在缩小，一些科学家认为它们将在未来 100 年内开始消失。

冰质巨行星

海王星是太阳系中最遥远的行星。它也是发现最晚的行星。1846 年，在进行了一些计算后，天文学家将望远镜对准了他们认为海王星应该在的位置——他们就这样发现了太阳系的第八颗行星。海王星主要由冰冻的氨、水和甲烷组成，它们围绕着一个不大的岩石内核。这颗行星因阳光照射在甲烷上而呈现出醒目的蓝色，周围环绕着暗淡的光环。

海王星最大的卫星海卫一特里同正缓慢地向海王星坠落，大约 36 亿年后，海王星的引力将把它撕裂。

海王星上的风速可以达到 2000 千米 / 时以上，是太阳系中风最强和风速最快的行星。

冰火山

在冥王星上已经发现了两座外形奇特的巨型山脉，它们可能是冰火山。地球上的火山喷出的是岩浆，它们喷出的是液体和冰的混合物，这种混合物流到地表后会被冻结。科学家认为，这种活动是由冥王星岩石核心中放射性元素衰变产生的热量驱动的。

小小冥王星

冥王星过去曾被当成太阳系的第九大行星。然而在 2006 年，它被重新归类为矮行星。冥王星在太阳系中远离太阳的地方绕太阳运行——美国航天局的新视野号探测器花了 9 年多的时间才于 2015 年抵达那里，并近距离观测了这颗矮行星。新视野号发回的照片显示了山脉、峡谷、火山和一个巨大的心形冰区。

就像熔岩灯的气泡一样，冥王星表面的新的冰气泡会向上移动，取代旧冰。

冥王星表面的化合物产生了丰富的颜色，从深黑色到明亮红色区域

在这张由美国航天局新视野号探测器拍摄的照片中，冥王星表面的颜色得到了增强。每类地貌都有自己的颜色，表明它们各自的化学成分。

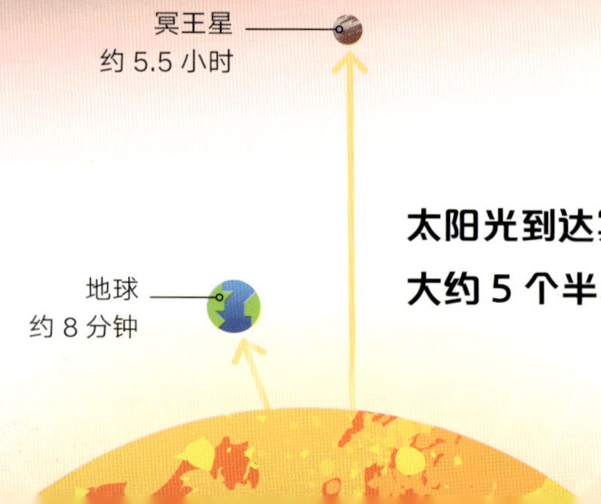

太阳光到达冥王星需要大约 5 个半小时。

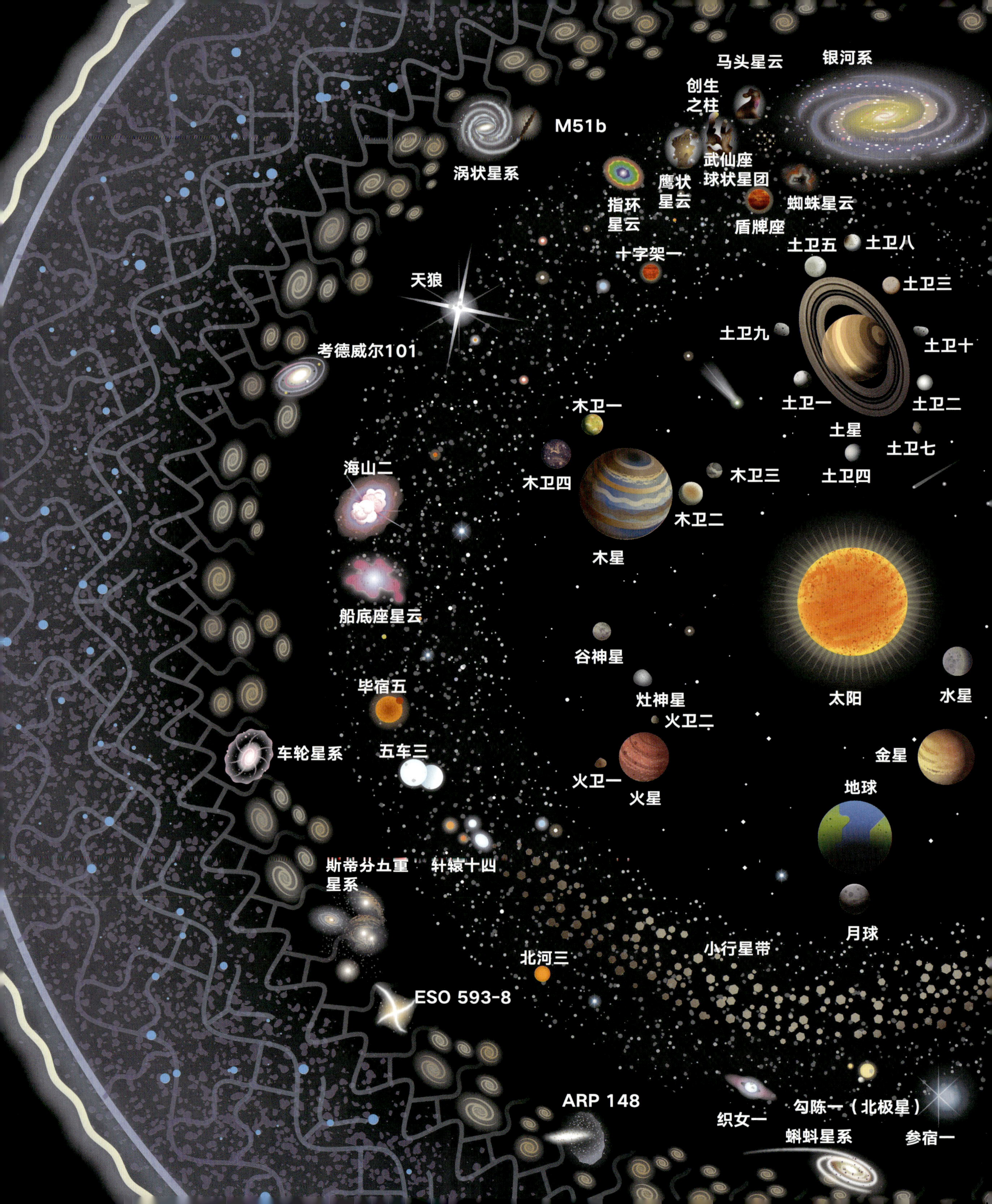
马头星云
银河系
创生之柱
M51b
涡状星系
武仙座球状星团
鹰状星云
指环星云
蜘蛛星云
盾牌座
土卫五
土卫八
十字架一
天狼
土卫三
土卫九
土卫十
考德威尔101
土卫一
土卫二
木卫一
土星
土卫七
海山二
木卫三
土卫四
木卫四
木卫二
木星
船底座星云
谷神星
毕宿五
灶神星
太阳
水星
火卫二
车轮星系
五车三
金星
火卫一
火星
地球
斯蒂芬五重星系
轩辕十四
月球
小行星带
北河三
ESO 593-8
ARP 148
勾陈一（北极星）
织女一
蝌蚪星系
参宿一

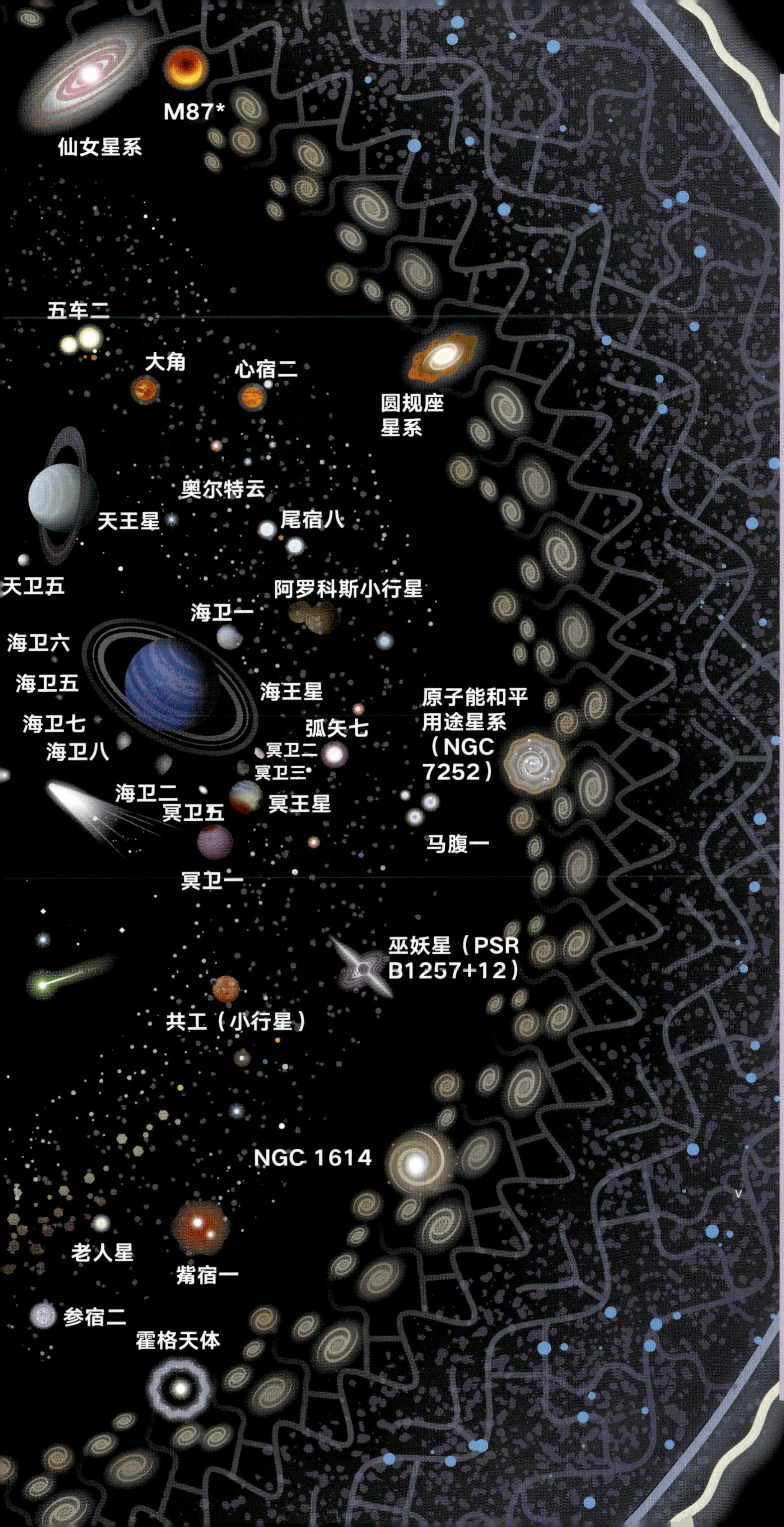

宇宙概览

太阳系是银河系的一部分，银河系是一个包含至少 1000 亿颗恒星的星系。我们所在的银河系只是宇宙中无数星系中的一个。超强望远镜能够观测到数十至上百亿光年深处的外太空，揭示出前所未见的恒星、星云和星系，然而受制于观测精度与命名规范，并非所有天体都能获得专属命名，绝大多数仅以编号标识其存在。

来自遥远星系的光会呈现红色，比如这个椭圆星系

来自较近星系的光看起来是白色的，比如这个旋涡星系

附近的恒星非常明亮，它们的光会产生有六道星芒的图案，这是由韦布空间望远镜镜片的六边形结构所致

中央的这个明亮星系团是 SMACS 0723

韦布空间望远镜的深场图像显示了在宇宙大爆炸后的 5 亿到 7 亿年里形成的古老星系，这是到目前为止最遥远、最详细的宇宙红外图像。

最遥远的宇宙

这张早期宇宙的图像被称为深场图像。它是韦布空间望远镜于 2022 年拍摄的。这架望远镜通过聚焦在一个以肉眼看去比针尖还小的空间区域，提供了宇宙迄今为止最遥远、最详细的红外图像。在这张惊人的图像中心的是星系团 SMACS 0723，这是它 46 亿年前的样子。

这张深场图像中的一些星系看起来处于 130 亿年前，即宇宙大爆炸之后不久。

大约 95% 的宇宙是不可见的，它们由暗物质和暗能量组成。

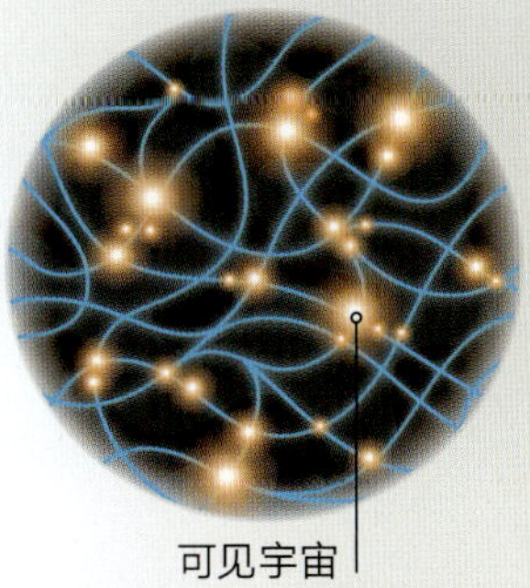

宇宙大爆炸

大约 138 亿年前，宇宙突然从一个点开始膨胀。这个开端被称为宇宙大爆炸。宇宙至今仍在膨胀。

位置

星系团 SMACS 0723 位于南天球的飞鱼座。我们看到的是它在 46 亿年前的样子，这个星团实际上要古老得多。

宇宙时间

当你仰望夜空群星时，你是在回顾过去。因为来自这些恒星的光被地球上的你看到时已经发出很多年了。

相当于放大镜

像 SMACS 0723 这样的星系团，质量和引力都相当大，因此它们会扭曲时空。这就使得这些星系团后面的星系发出的光在它们周围发生弯曲，放大了图像，从而让韦布空间望远镜看到了更远的时间。

古老的星系

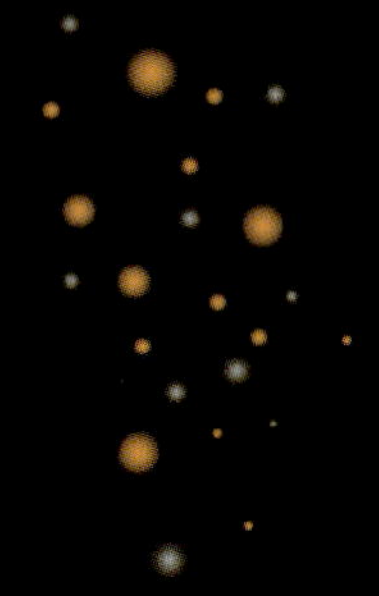

与我们今天看到的界定清晰的旋涡星系和椭圆星系相比，古老的星系看起来一团团的。

快照

韦布空间望远镜在 12.2 小时内拍摄了古老的宇宙，有一些星系是 130 亿年前的。1995 年哈勃空间望远镜拍摄第一张深场图片用了 10 天时间，二者相比，韦布空间望远镜用的时间很短。

褐矮星

韦布空间望远镜能在红外波段观测天体，发现了一些新的褐矮星——这些天体辐射的主要是红外线，它们个头儿太大了不能成为行星，但质量又不够大不能成为恒星。这幅带极光的褐矮星艺术印象画是基于韦布空间望远镜发现的一颗褐矮星创作的。

发射 30 分钟后，望远镜与火箭整流罩分离

望远镜的太阳能电池板在与火箭分离后立即展开，以便为望远镜提供动力

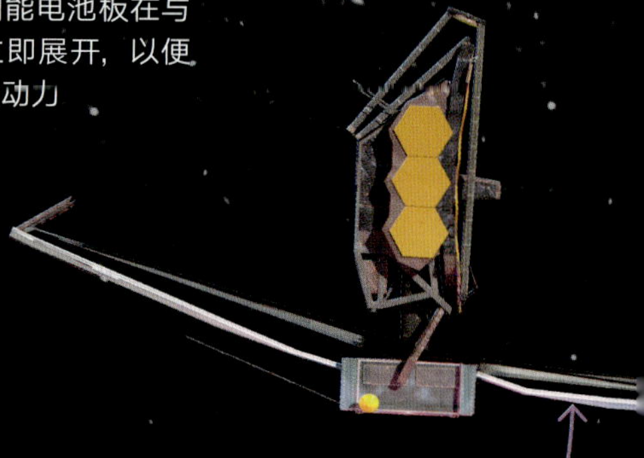

这些特殊结构称为撑板，展开后用于支撑遮阳板

时间机器

韦布空间望远镜是一项惊人的工程壮举。它有三层楼那么高，有网球场那么宽，却必须装进直径只有 5.4 米的阿丽亚娜 5 号火箭。为了实现这一目标，科学家采用了折叠式设计，它被分成 12 段，升入太空后再展开。现在，它正凝视太空，为科学家提供观察遥远宇宙前所未有的视角。

正如这些艺术插图所示，韦布空间望远镜花了 13 天时间在太空中展开。美国航天局事先标出了 344 个可能的故障点，但整个过程都很顺利。

这架望远镜能够探测到月球上一只虫子身体的热信号。

韦布空间望远镜 6.5 米的镜面使其收集光线的能力达到哈勃空间望远镜的 6 倍

主镜有 18 个镀金铍质六边形，每一个都可以只移动不到一根头发宽度的距离

一组可伸缩的悬臂拖出了五层的遮阳板

微快门阵列让这架望远镜可以同时观察太空中100个不同的目标。

三条臂形成三脚架，向下翻转用于支撑一个较小的副镜

主镜的两翼翻转出来，望远镜展开过程就完成了

空间望远镜如何工作

从遥远的早期恒星发出的光已经被拉伸成了红外线，韦布空间望远镜能够探测红外线。红外线可以穿过浩瀚太空中的气体和尘埃，让我们看到原本不可见的天体。

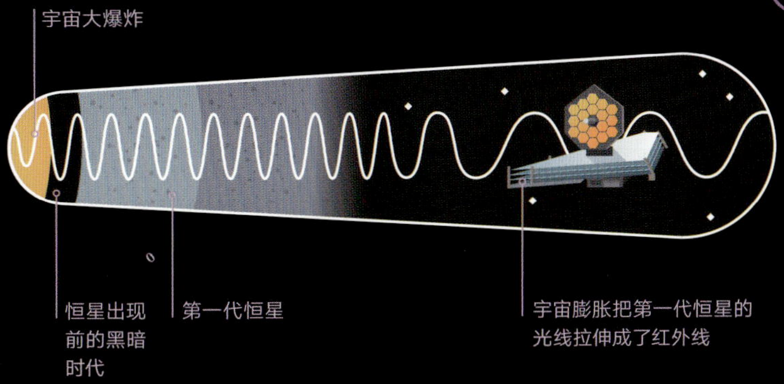

发射日期

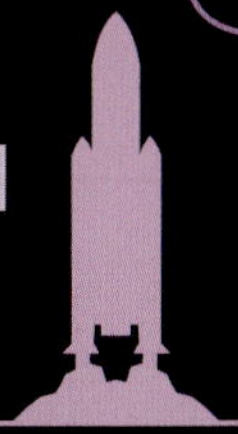

2021年12月25日

任务计划持续时间

20年

位置

韦布空间望远镜在距离地球约150万千米的第二拉格朗日点（L_2）绕太阳运行。望远镜的遮阳板保护它不受太阳辐射的影响。

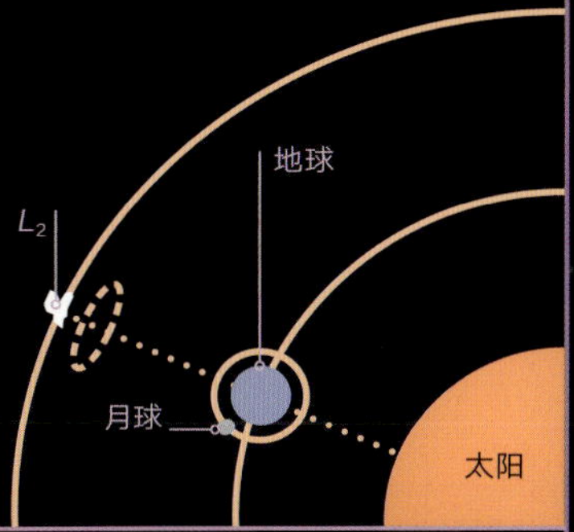

早期的星系

被韦布空间望远镜捕捉到信号的星系中，最遥远的是JADES-GS-z14-0，它的信号来自宇宙大爆炸后大约2.9亿年。

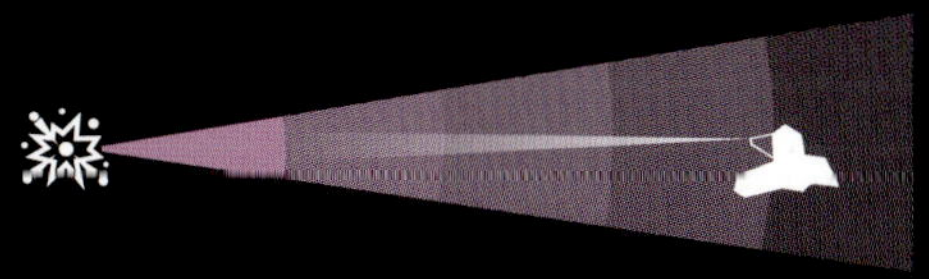

防晒霜

韦布空间望远镜的五层遮阳板就像防晒霜，防晒系数为100万。遮阳板可以防止望远镜上的仪器设备过热。

金质镜面

韦布空间望远镜的巨大镜面上覆盖着一层非常薄的黄金，用于反射光线。这些黄金的质量大约相当于一颗高尔夫球。

太空折纸

韦布空间望远镜，包括它的巨型主镜，在发射前经过了多项测试。六边形的部分必须精确对齐，并且要像折纸一样折叠起来，这样才能装进火箭，等到达目的地后再正确地展开。

蜘蛛星云

在巨大的蜘蛛星云内部，韦布空间望远镜不仅捕捉到了星云中心明亮的蓝色恒星，还捕捉到了成千上万颗红色恒星，它们仍然被形成它们的尘埃包围着。

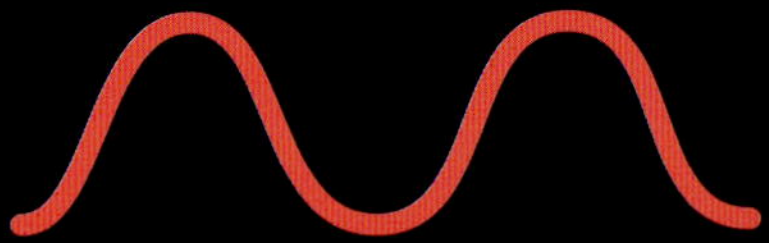

红外线的长波长让它可以穿过阻挡可见光的尘埃云。

车轮星系

车轮星系不寻常的环状形状是两个星系高速碰撞的结果。韦布空间望远镜灵敏的相机揭示了超新星爆发的细节，以及混沌引发的恒星诞生过程。

巨蛇星云

凝视巨蛇星云内部就像回溯时间看到太阳系形成之初的几百万年时光。在这个星云的中心，有一些类似太阳的恒星，它们周围环绕着有一天会形成行星的残余物质盘。

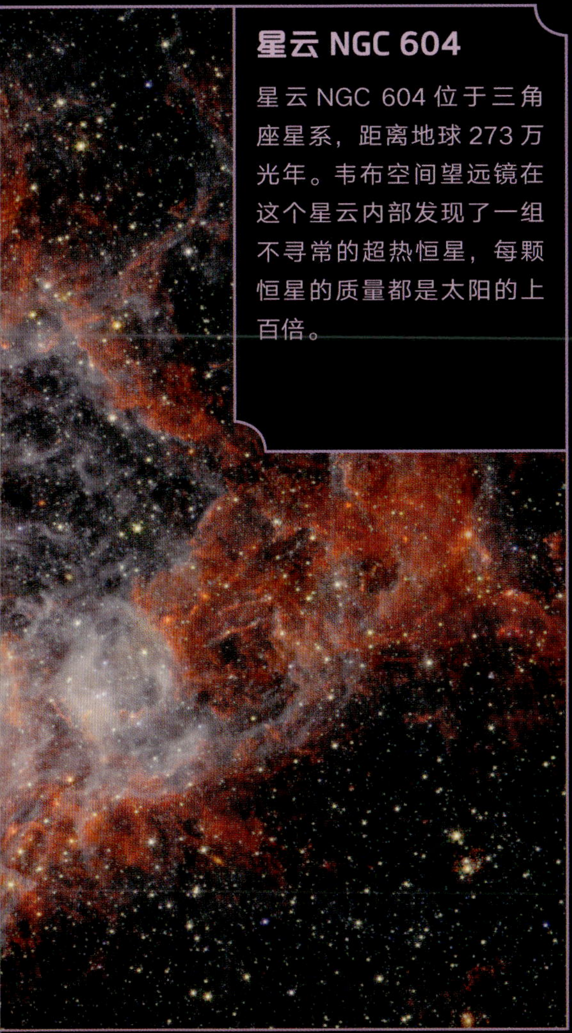

星云 NGC 604

星云 NGC 604 位于三角座星系，距离地球 273 万光年。韦布空间望远镜在这个星云内部发现了一组不寻常的超热恒星，每颗恒星的质量都是太阳的上百倍。

原恒星 L1527

在黑暗的尘埃云 L1527 内部，韦布空间望远镜探测到一颗原恒星（新形成的恒星）。这颗新生恒星以尘埃为食，并喷出气体喷流，这些喷流在与周围的星尘碰撞时会发光。

星团 IC 348

虽然褐矮星比行星大得多，但它们的质量依然不够大，无法启动核聚变反应。这使得它们很难被发现。然而，韦布空间望远镜在星团 IC 348 中发现了三颗褐矮星。这幅图像就是韦布空间望远镜拍摄的星团 IC 348。

仙后座 A

超新星会短暂地成为夜空中最亮的天体。对于韦布空间望远镜的传感器来说，它们的爆炸云同样壮观。距离地球约 11000 光年的超新星遗迹仙后座 A，显示了这颗死亡恒星的过去和未来的信息。

迷人的太空

太空里布满尘埃的区域是韦布空间望远镜最初的观测区域之一。这些恒星“育婴所”、星系和超新星爆炸云已经被哈勃等望远镜拍摄过，但韦布空间望远镜有可能透过阻挡可见光的尘埃，揭示出以前隐藏的细节。

韦布空间望远镜可以探测目标的亮度极限是我们肉眼所能看到亮度极限的 54 万分之一。

位置

海山二位于船底座的南部。

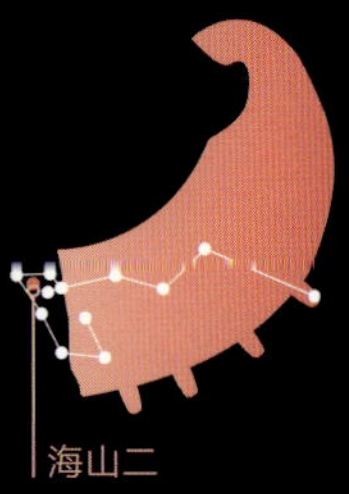

大小

据估计，在这个双星系统里，主星的体积大约是太阳大小的 100 倍，较小的恒星大约是太阳的 40 倍。

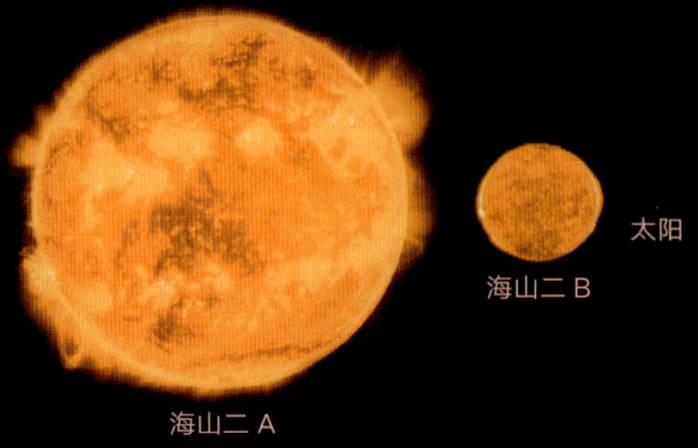

与地球的距离

7500 光年

轨道

这两颗恒星彼此绕转，绕轨道一周需要 **5.5 年**的时间。

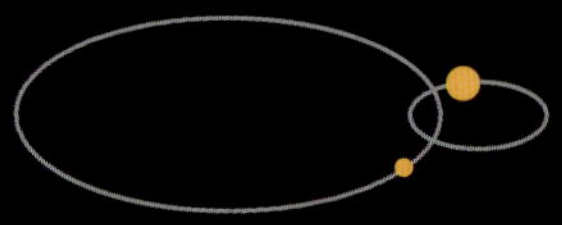

激光光束

哈勃空间望远镜探测到从海山二发射的一束紫外线激光。这是唯一已知的由恒星产生这种辐射的例子。

恒星死亡

没有人知道海山二 A 什么时候会爆炸。它甚至可能以极超新星的形式爆发，其爆发强度是超新星的 1000 万到 1 亿倍。如果它爆发，它将照亮我们的天空，即使是在白天也明亮得很。

定时炸弹

海山二是由两颗大质量恒星组成的恒星系统。这两颗恒星都位居银河系中最明亮的恒星之列。它们被一个由气体和尘埃组成的哑铃状云团所包围，这个云团被称为侏儒星云。较大的恒星预计会以超新星的形式爆发——这是宇宙中最大规模的爆炸类型之一。这些狂暴的恒星会将足以覆盖整个太阳系的气体和尘埃抛向太空。

海山二的亮度大约是太阳的 500 万倍。

这两颗巨大恒星周围气体和尘埃的瓣状结构以超过 200 万千米 / 时的速度在太空中运动。

船底星云

侏儒星云位于船底星云内，船底星云是恒星诞生和死亡最活跃的区域之一，是许多比太阳大得多的年轻恒星的家园。强烈的星风和辐射塑造了星云的外观，同时新生恒星的能量照亮了这些气体云。

海山二经历了一次灾难性的大爆炸，即 1837 年观测到的大爆炸，喷射出的物质形成了哈勃空间望远镜拍摄的这张照片中的气体和尘埃瓣状结构。

位置

麒麟座 V838 位于麒麟座里。

与地球的距离

2 万光年，
它位于银河系的外边缘。

大小

这颗红超巨星的宽度几乎是太阳的 500 倍。周围星云的直径超过 **7 光年**。

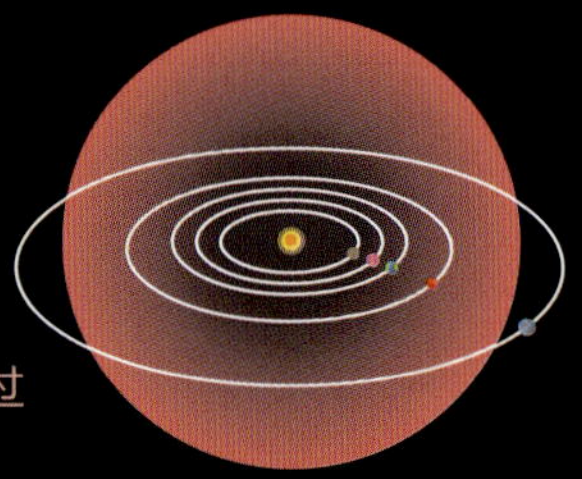

光度

这颗恒星的发光能力大约是太阳的
23000 倍

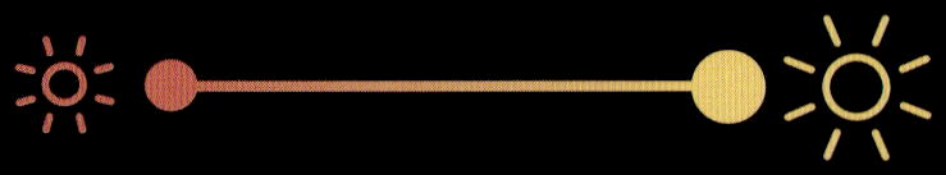

发现历史

2002 年，一位业余天文爱好者首次观察到它变亮。天文学家很快注意到了这一现象，他们将哈勃空间望远镜对准麒麟星 V838，得到了惊人的结果。

回光

一道光芒照亮了围绕着一颗不寻常恒星的壮观星云。2002 年，当麒麟座 V838 突然变得异常明亮时，它吸引了全世界的注意。最初的星光爆发只持续了三个月。然而，多年之后，这次爆发发出的散射光线照亮了恒星周围巨大的尘埃云，让我们有机会看到通常隐藏着的太空特征。

在最初的星光爆发中，麒麟座 V838 的亮度是太阳的 60 万倍。

爆发产生散射光的“回光”持续了两年多。

恒星爆发的各个阶段

哈勃空间望远镜对麒麟座 V838 的回光进行了数月的追踪观测。随着回光的扩散，它揭示了尘埃外壳的不同部分。随着麒麟座 V838 的温度、亮度和颜色的变化，尘埃似乎也改变了颜色。

2002 年 5 月

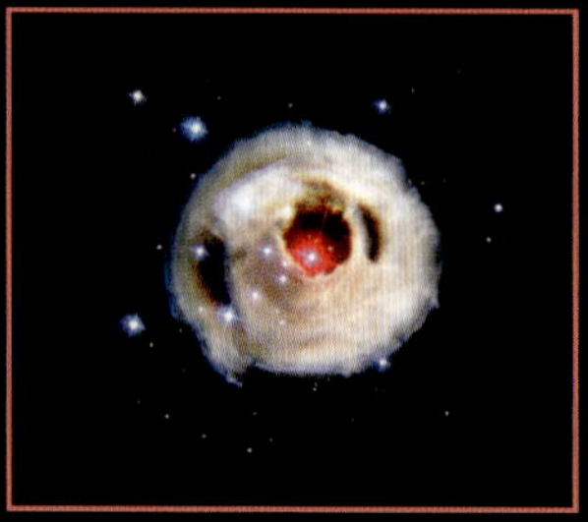
2002 年 9 月

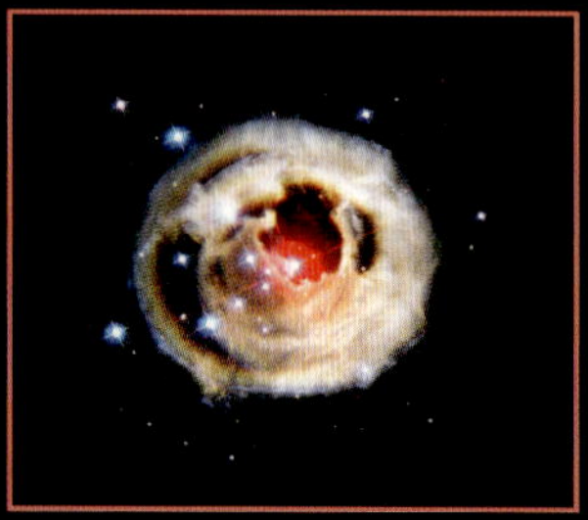
2002 年 10 月

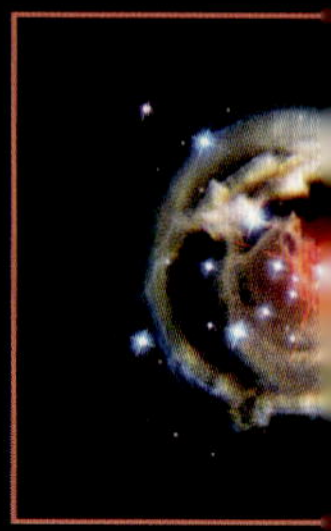
2002 年 12 月

麒麟座 V838 此前被一层尘埃壳包围着，被散射的回光扩散时逐渐照亮了这些尘埃云

麒麟座 V838 已经历过的星光爆发类型被称为红新星，可能是由与另一颗恒星的碰撞引起的

通过尘埃外壳上的空洞可以看到更遥远的太空区域，所以这类星云被归类为“瑞士奶酪”星云

2004 年 2 月

2004 年 10 月，哈勃空间望远镜拍下了这张回光照片，此时距离其中心恒星麒麟座 V838 突然变亮已近三年。

这张蛇夫座 ρ 的照片是用韦布空间望远镜拍摄的几张不同的照片制作而成的。那天是这架望远镜的第一个生日。

五彩缤纷的云

这个银河系的微小区域在蛇夫座 ρ 附近，它揭示了新形成恒星周围的壮观景象。这张图片中的大多数恒星都和太阳一样大，或者比太阳略小。每一颗恒星都会吞噬周围的气体和尘埃，同时喷出氢粒子，扰乱周围区域。只有找到合适的平衡后，恒星才会变得稳定，并开始用稳定的星风清理周围的空间。

在这张照片拍摄的区域内有大约 50 颗恒星。

蛇夫座 ρ 周围的星云复合体包含足够形成 3000 颗太阳的气体和尘埃。

新形成的类太阳恒星

位置

蛇夫座 ρ 星云复合体，位于天蝎座和蛇夫座之间。

与地球的距离

蛇夫座 ρ 星云复合体距离地球仅有

390 光年，

这使它成为离我们最近的恒星形成区。

超冷星云

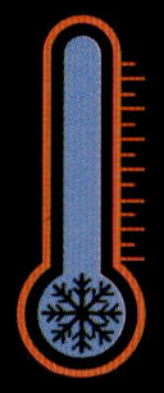

虽然这些星云周围有恒星照耀着，但它们本身是非常冷的。

颜色变化

蛇夫座 ρ 星云复合体的蓝色区域是由尘埃粒子反射的星光形成的。红色区域是由氢引起的，当它被来自炙热年轻恒星的紫外线激发时就会发光。

类太阳恒星

因为这个区域有很多太阳大小的恒星，所以它让我们看到了

50 亿年前

我们的宇宙近邻区域大概是什么样子。

飞碟

2001 年，科学家在蛇夫座 ρ 的恒星形成区发现了一颗被环状气体和尘埃盘包围的年轻恒星。它被称为“飞碟”，它向科学家提供了有关于恒星和行星如何形成的重要信息。

多彩星云

在这张韦布空间望远镜拍摄的照片上，这个小而黑暗的空间区域被一个较大的棉花糖色星云包围，这片星云被称为蛇夫座 ρ 星云复合体。因为这片区域离地球很近，所以在夜空中看起来很大。

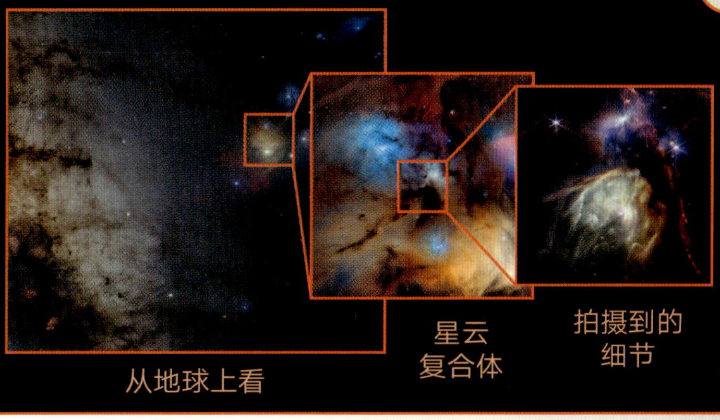

恒星“育婴所”

鹰状星云中宏伟的创生之柱里充满了新生的恒星。1995 年，当哈勃空间望远镜首次拍摄到这些巨大的气体和尘埃柱时，它们像幽灵的手指一样伸向太空，令全世界惊叹不已。虽然这些“柱子”是恒星形成的地方，但它们正在被它们“孕育”的恒星慢慢地摧毁——不过在此之前，韦布空间望远镜的红外相机已经揭示了大量新的细节。

位置

创生之柱只是庞大的鹰状星云（M16）的一小部分，位于北天球的巨蛇座。

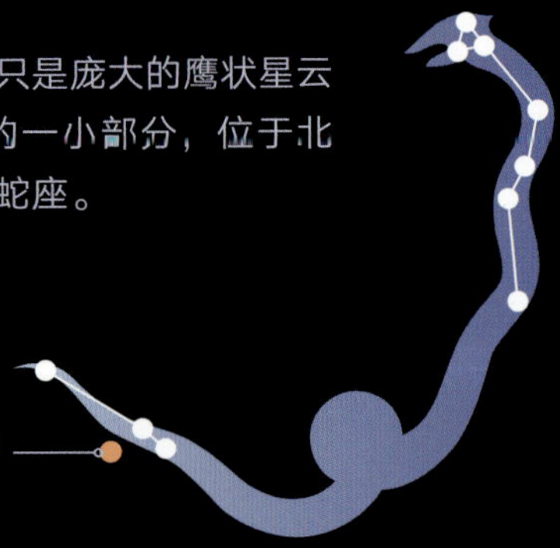

大小

仅仅一根柱子的**“指尖”**就能装进整个太阳系。

与地球的距离

鹰状星云位于银河系，距离地球**6500 光年**。

年龄

550 万年

与其他天体相比，这个星云相对年轻。例如，我们的太阳有 46 亿岁了。

不可见的细节

我们的眼睛无法看到红外光，因此要使用软件将韦布空间望远镜近红外相机收集的数据转换为可见光图像。

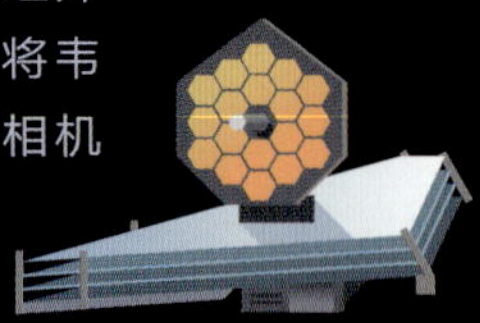

恒星的寿命

据估计，创生之柱里的恒星年龄在 100 万年到 1000 万年之间。与恒星的寿命相比，这是一个比较短的时期，因为许多恒星的寿命可以有数十亿至上百亿年。

虽然看起来非常像是固体，但组成这些“柱子”的气体和尘埃的密度仅仅是地球空气密度的 1 亿亿分之一。

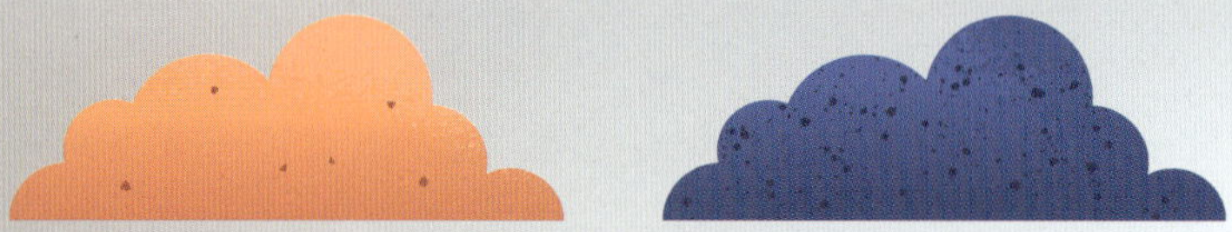

创生之柱中的气体和尘埃　　地球空气

磁场

创生之柱保持这样的形状可能是因为它们不寻常的磁场。气体和尘埃的每个颗粒都像一个微小的指南针，与当地的磁场对齐。科学家发现，每根“柱子”内部的磁场与其外部的磁场成直角。这可能会阻止周围的高温带电等离子体挤压并打破柱状的云团。

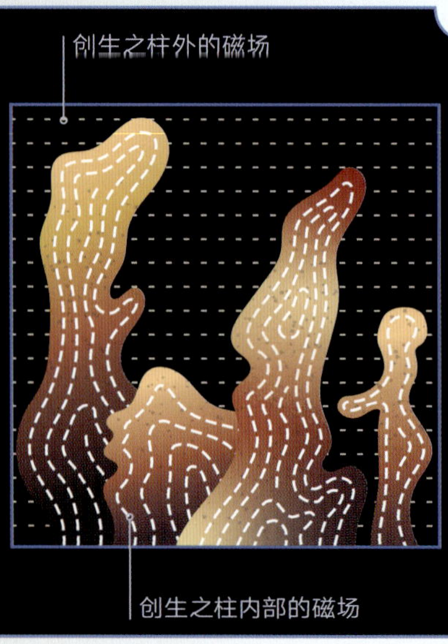

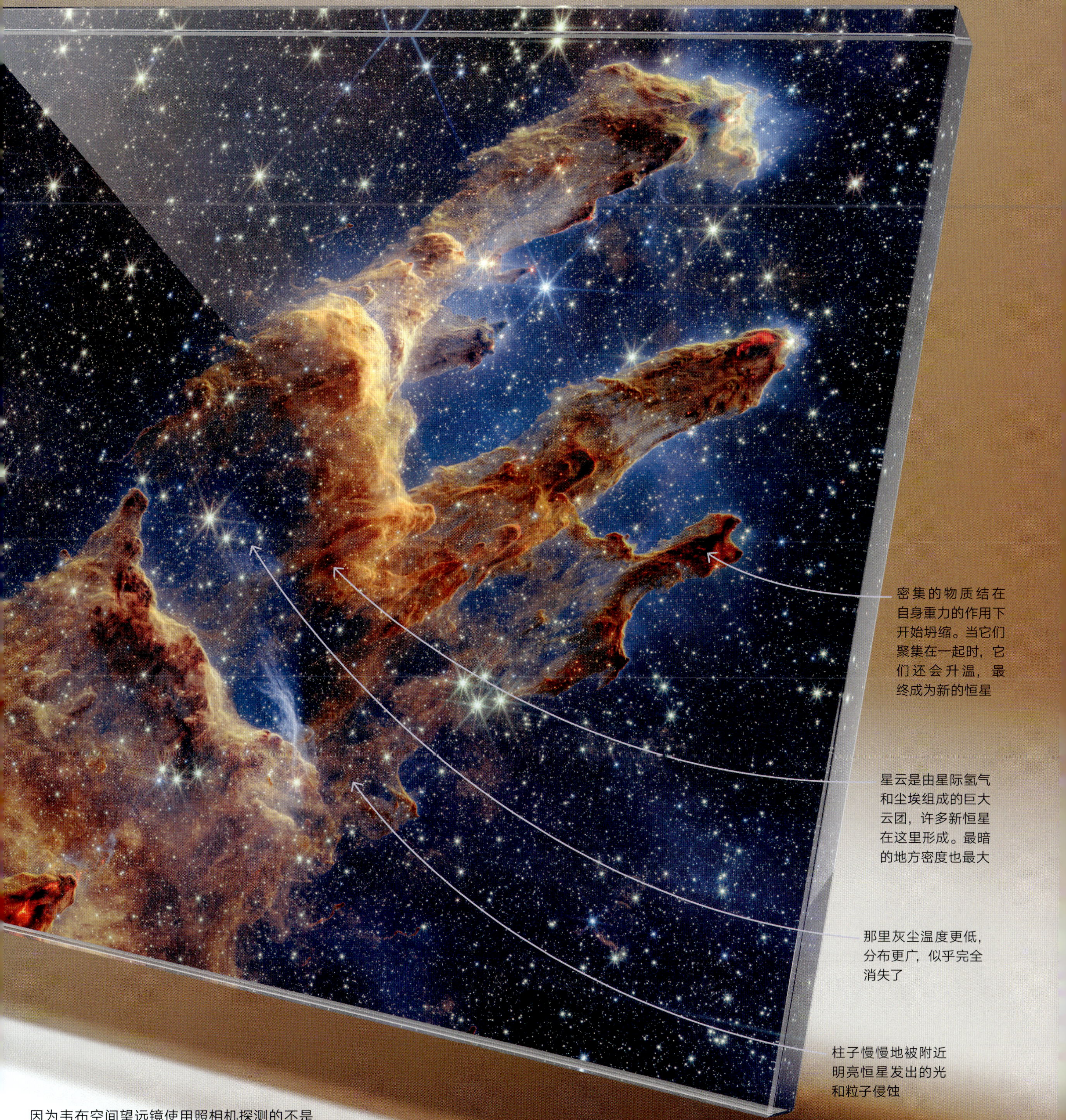

因为韦布空间望远镜使用照相机探测的不是可见光，而是红外线，所以它可以透过尘埃和气体云，发现数千颗新形成的恒星。

星空盛景

这张令人惊叹的鹰状星云照片是在智利的拉西亚天文台拍摄的。照片中央的创生之柱被成千上万颗大质量的年轻恒星照亮——这些恒星释放出强烈的紫外线，使周围的气体发光。但是来自恒星的辐射也在侵蚀这些气柱，驱散气体和尘埃，并引发恒星的进一步形成。

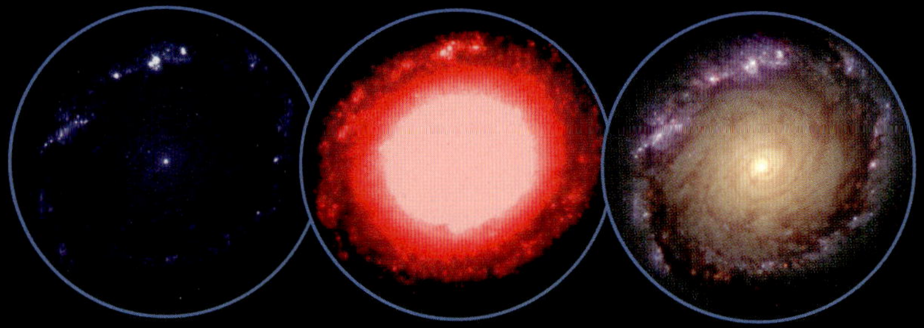

紫外图像　　红外图像　　合成图像

哈勃空间望远镜的照片

除了可见光，哈勃空间望远镜还能探测到紫外线和少量红外线，它们能揭示出在可见光波段被尘埃遮挡的天体。将这些信息整合起来可生成最终的图像。这里显示的是哈勃空间望远镜拍摄的 NGC 1512，它是距离地球约 3000 万光年的一个旋涡星系。

哈勃在太空

哈勃空间望远镜改写了我们对宇宙的认识。这世界上第一台大型空间望远镜帮助科学家计算出了宇宙的年龄，并证实了宇宙正在膨胀的理论。哈勃空间望远镜还证实了星系中心存在超大质量黑洞，还发现了大气层中有水的最小系外行星。

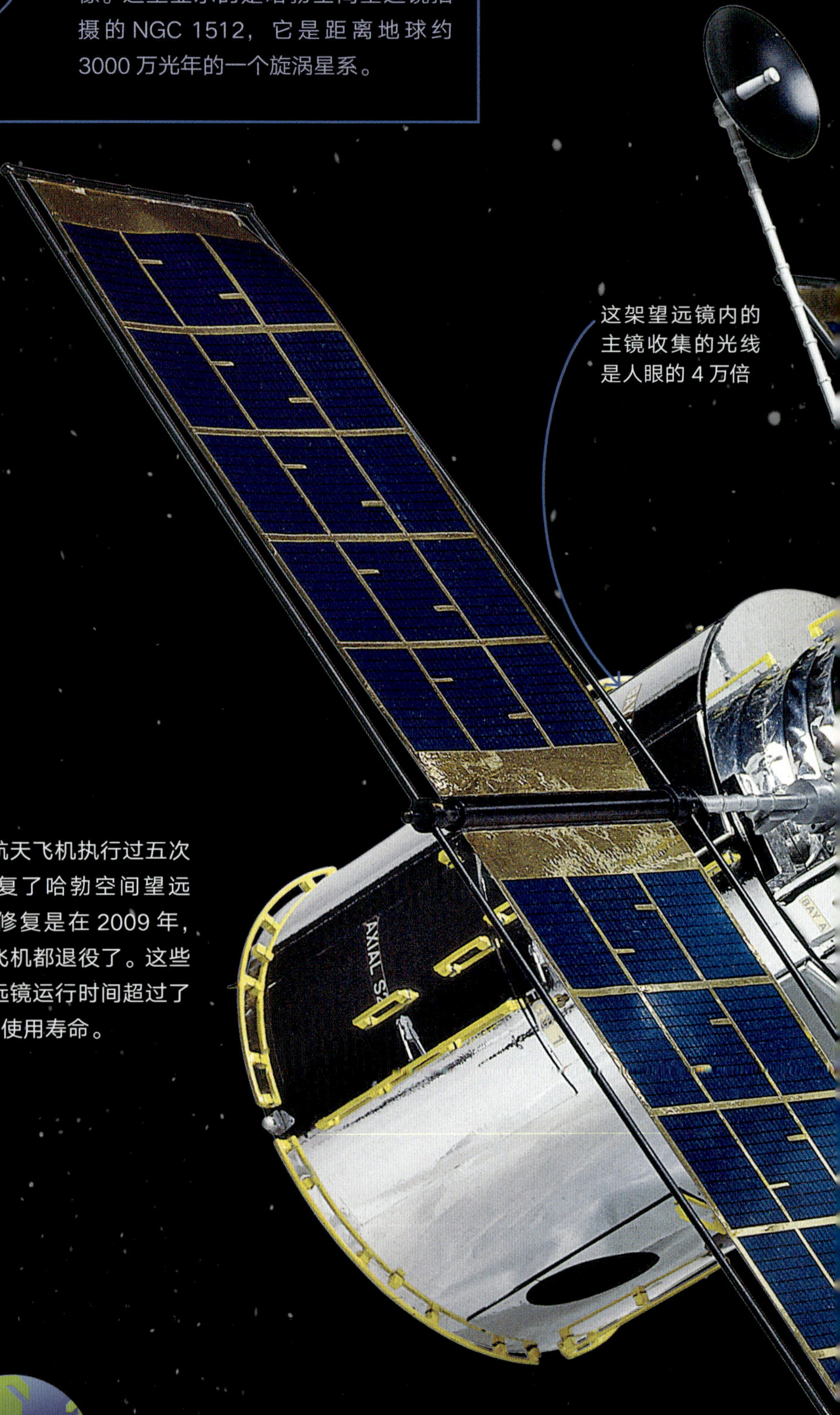

这架望远镜内的主镜收集的光线是人眼的 4 万倍

航天员们搭乘航天飞机执行过五次维修任务，修复了哈勃空间望远镜，最后一次修复是在 2009 年，此后所有航天飞机都退役了。这些维护使这架望远镜运行时间超过了原计划的 15 年使用寿命。

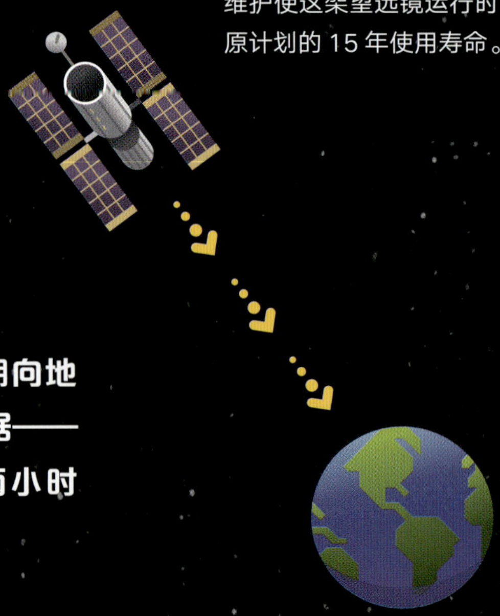

哈勃空间望远镜每星期向地球传回 15 吉字节的数据——相当于 45 部可观看两小时的电影。

自发射以来，哈勃空间望远镜已经进行了 160 多万次观测。

这些太阳能电池板会产生电能，产生的电能储存在望远镜内的电池中

这架天线用于向地球传送数据

发射时间

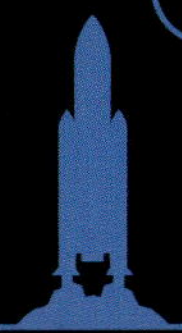

1990 年 4 月 24 日

位置

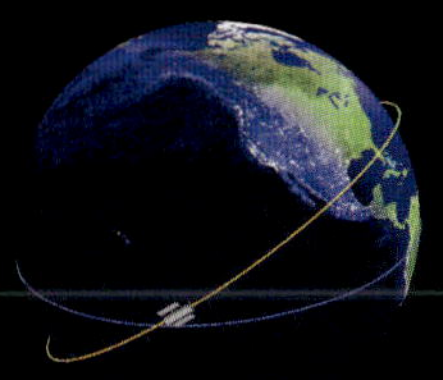

哈勃空间望远镜在距地球表面 547 千米的轨道上运行，绕地球一圈需要 95 分钟。

已运行距离

自 1990 年以来已环绕地球

80 亿千米

模糊的开始

哈勃空间望远镜的第一张图像是模糊的，因为主镜上有一个微小的缺陷。在一次 7 个小时的太空行走中，航天员给它戴上了“眼镜”，纠正了这一点。

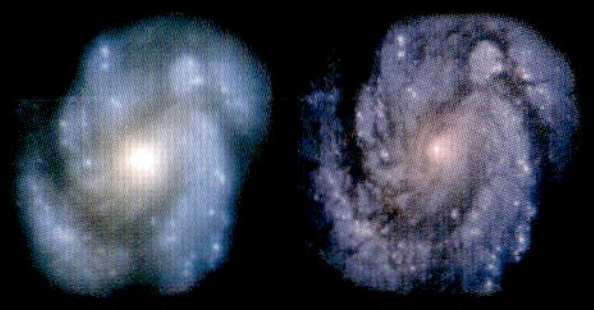

安装之前　　安装之后

回溯时间

1995 年，哈勃空间望远镜观测到了一小片天空，这里显示出 1 万多个星系。这张图像被称为哈勃深场，是对远古宇宙的首次观察。

名字由来

哈勃空间望远镜是为了纪念美国天文学家埃德温·哈勃而命名的。他做出了许多重要的发现，比如在观测仙女星系时证明了银河系之外存在其他的星系。

仙女星系

太空维修

太空维修任务使哈勃空间望远镜的寿命比原计划大大延长，取得了更多突破性的发现。图中，美国航天员斯托里·马斯格雷夫和杰弗里·霍夫曼站在奋进号航天飞机机械臂的边缘。当时哈勃空间望远镜停靠在奋进号货舱，两名航天员在修理望远镜。但是目前航天飞机均已退役，美国航天局的工程师只能对仍在工作的哈勃空间望远镜进行远程维护。

位置

蟹状星云可以通过望远镜在金牛座里看到。

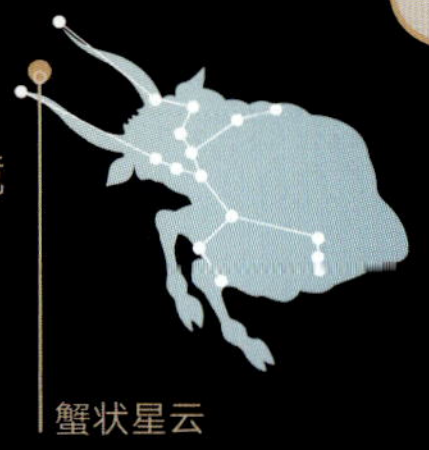

大小

蟹状星云直径约 11 光年，仍在迅速膨胀。

与地球的距离

蟹状星云中心的脉冲星距离地球

6500 光年。

年龄

蟹状星云大约有

7500 年的历史。

我们看到的是星云大约 1000 岁时的样子，因为它发出的光大约需要 6500 年才能到达地球。

名字由来

1844 年，英国天文学家威廉·帕森斯观察了这个星云，并画了一张图。它的细丝像螃蟹的腿，这就是这个星云名字的由来。蟹状星云也被称为 M1、NGC 1952 和金牛座 A。

膨胀速度

1000 千米 / 秒

蟹状星云脉冲星

1968 年，在蟹状星云的中心发现了一颗恒星。它是一种中子星，被称为脉冲星，是在超新星爆发过程中形成的。它非常小，直径只有 20 千米，但密度惊人，包含的物质比我们的太阳还多。当它旋转时，脉冲星从两极各发出一束电磁辐射。在这张图像中，这颗脉冲星就是图中心的明亮白点。

宇宙碎片

这个壮观星云的故事开始于大约一千年前。公元 1054 年，中国和日本的天文学家发现了一颗明亮的恒星，即使在白天也能看到。他们观察到的正是一颗超新星爆发——一颗大质量恒星的戏剧性死亡。这次爆发产生了一团巨大的发光气体和尘埃云，现在被称为蟹状星云。

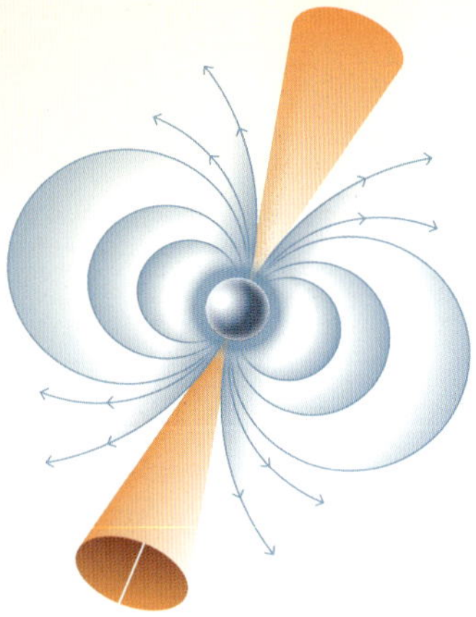

蟹状星云中心的脉冲星每秒旋转大约 30 次。

脉冲星发出强烈的电磁波束横扫太空。从地球上看，它们就像是灯塔一样在宇宙中闪烁。

星尘颗粒携带着恒星爆炸时产生的热量，散发出光芒

星云的大部分是垂死恒星抛出的氢气，但这些橙红色的区域是由硫构成的

在星云中心脉冲星上，带电粒子在磁场周围快速运动，发出的辐射在这张图像中呈现为乳白色的辉光

2023年，美国航天局的韦布空间望远镜用其强大的红外仪器捕捉到了蟹状星云的新细节，这是首次观测到这个星云的不同组成部分。

位置

HH 211 位于英仙座。

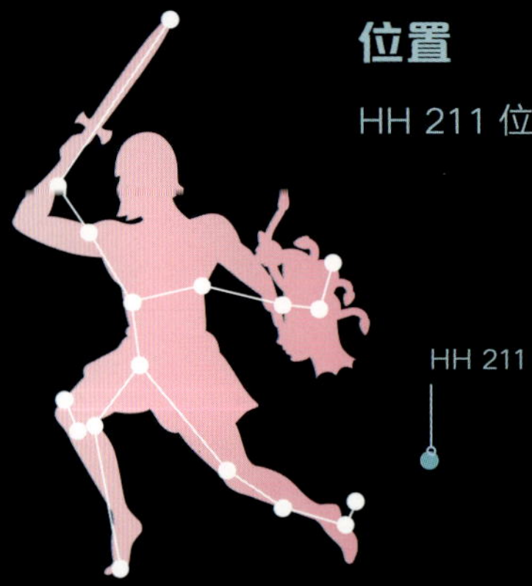

与地球的距离

HH 211 离地球

约 1000 光年。

这使它成为距离地球最近的年轻原恒星外向流之一。

年龄

在中心形成的原恒星被称为 HH 211-mm。它被认为只有几万年的历史。

质量

到目前为止，这颗原恒星聚集的质量只有太阳质量的 8%。核聚变还没有开始，所以这颗恒星还没有发光。

多波段研究

天文学家在多个波长下研究 HH 211，包括紫外线和红外线。不同波长范围显示了 HH 211 的不同细节。

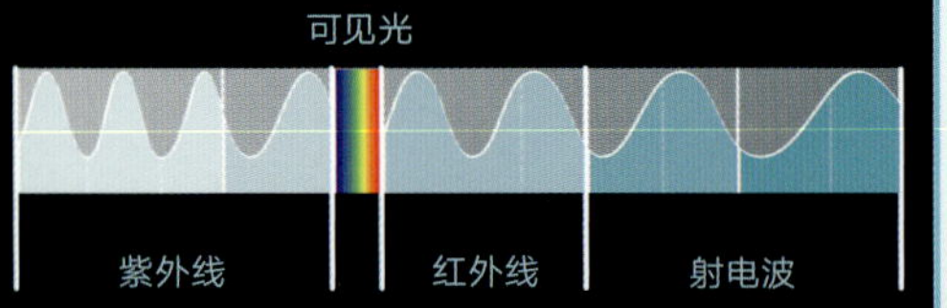

冲击波

原恒星喷出的气体喷流产生的冲击波模式表明，这颗新生恒星在吞噬周围星云物质的同时，也在爆发释放气体。

新生恒星

灼热的新恒星们从寒冷的气体云和尘埃云中诞生。然而，在最初的几千年里，这些致密的云层遮蔽了新形成的恒星——原恒星。但当原恒星开始进行核聚变反应时，它们的两极会喷射出强大的气体喷流，这让人们得以知晓它的存在。当这些喷流与太空中的气体和尘埃碰撞时，会形成发光的“光剑”，被称为赫比格－阿罗天体（HH 天体），如图中的 HH 211。

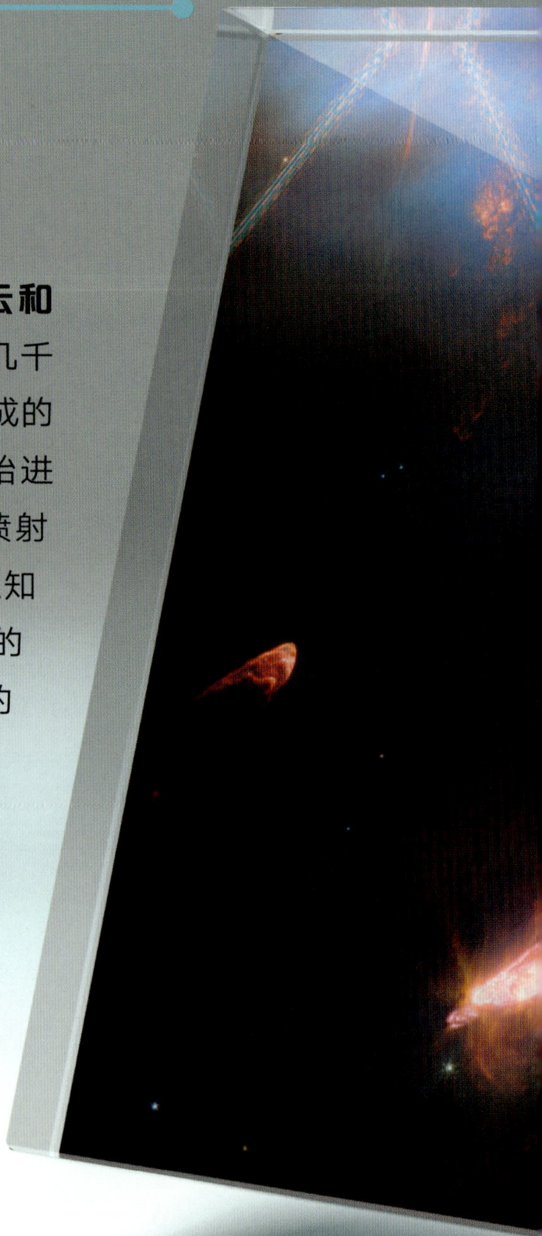

这张 HH 211 的红外图像是韦布空间望远镜拍摄的。当超高温的气体从年轻恒星的两极流出时，它们释放出的冲击波在周围的星云中形成涟漪。

HH 211 中心的原恒星就像年轻时的太阳。

原恒星释放的气体喷流的速度可超过 100 千米 / 秒。

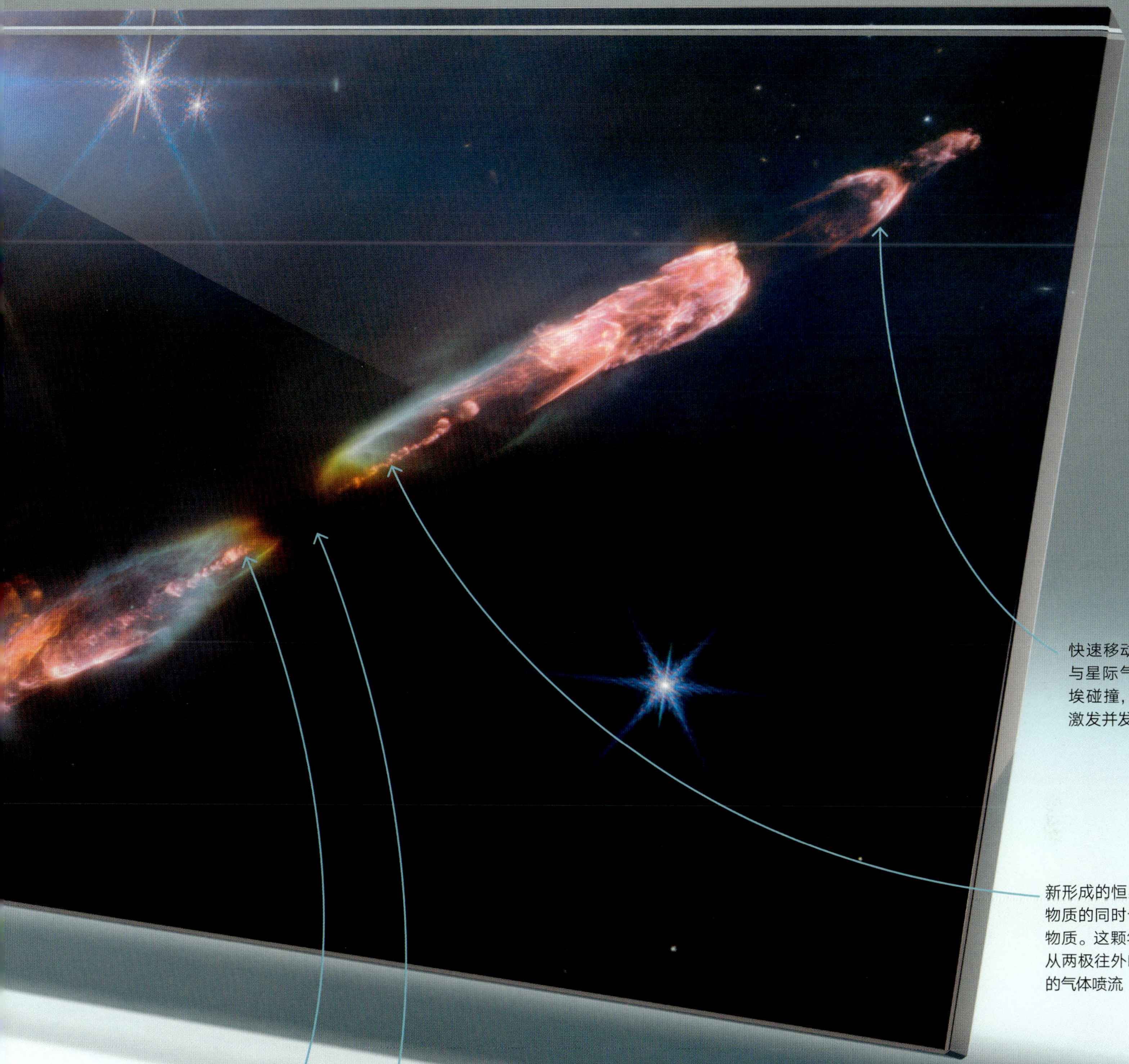

快速移动的喷流与星际气体和尘埃碰撞，分子被激发并发光

新形成的恒星在喷射物质的同时也在积累物质。这颗年轻恒星从两极往外喷射狭窄的气体喷流

这个喷流的旋涡路径在原恒星的两侧对称。这种旋涡是一个线索，表明可能有两颗新形成的恒星，互相绕着彼此旋转

由气体和尘埃组成的致密的甜甜圈状圆盘里隐藏着新生恒星

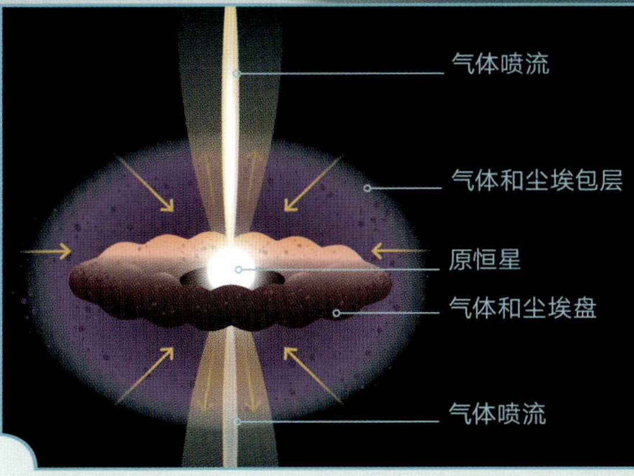

喷流中的气体

当原恒星从旋转的气体和尘埃盘中吞噬物质时，它的两极会喷出气体。因为尘埃和气体包层尺度更大，圆盘让我们无法看到恒星本身，只能见到喷流。韦布空间望远镜拍摄的图像表明，这些喷流主要由一氧化碳、一氧化硅以及氢组成。

这张气泡星云的照片是在 2016 年拍摄的，使用的是哈勃空间望远镜 3 号广角相机，以纪念哈勃空间望远镜 26 岁生日。蓝色的是发光的氧，绿色的是氢，红色的是氮。

恒星灯塔

在这张广角照片里，你可以看到气泡星云周围密集的低温云团，它们的成分是氢、氦和尘埃。星风穿过云层，密度最大的区域沐浴在恒星强烈的紫外线里，发出明亮的光芒。

哈勃拍摄的气泡星云

这个精致的气泡星云注定会破裂。在发光的壳层内部是质量巨大且极其明亮的恒星 BD+60° 2522。它已经燃尽了氢燃料，现在正在进行氦核聚变。猛烈的星风从恒星表面向四面八方喷出，将环绕恒星的低温气体云推开。气泡的外缘揭示了星风与发光气体相遇的地方。质量如此巨大的恒星寿命很短，BD+60° 2522 将在 1000 万到 2000 万年后爆炸成为超新星。

恒星 BD+60° 2522 的亮度是太阳的 50 万倍。

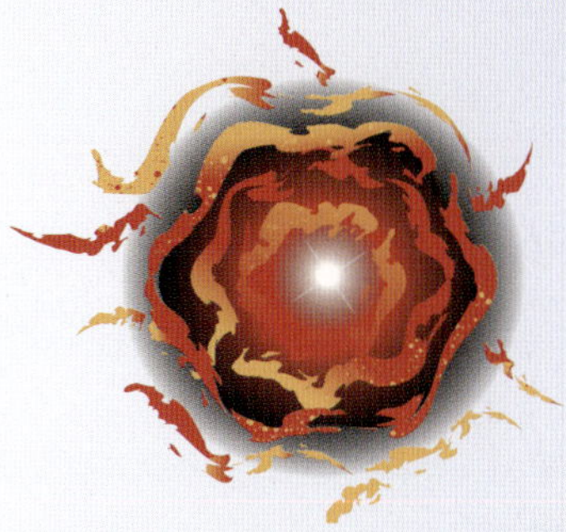

这颗恒星产生的星风以超过 640 万千米 / 时的速度行进。

位置

将望远镜对准仙后座观察，可以在夜空中看到气泡星云。

大小

气泡星云直径约 **10 光年**，但仍在增长。

与地球的距离

气泡星云位于银河系内，距离地球约 **8000 光年**。

年龄

这颗恒星大约有 **400 万年**的历史，与太阳相比非常年轻——太阳已经燃烧了 40 多亿年。

膨胀的气泡

气泡星云正在以 **7 千米 / 秒**的速度膨胀。

发现

气泡星云是 1787 年由英国天文学家威廉·赫歇尔发现的。它在 NGC 星表中名称是 NGC 7635。

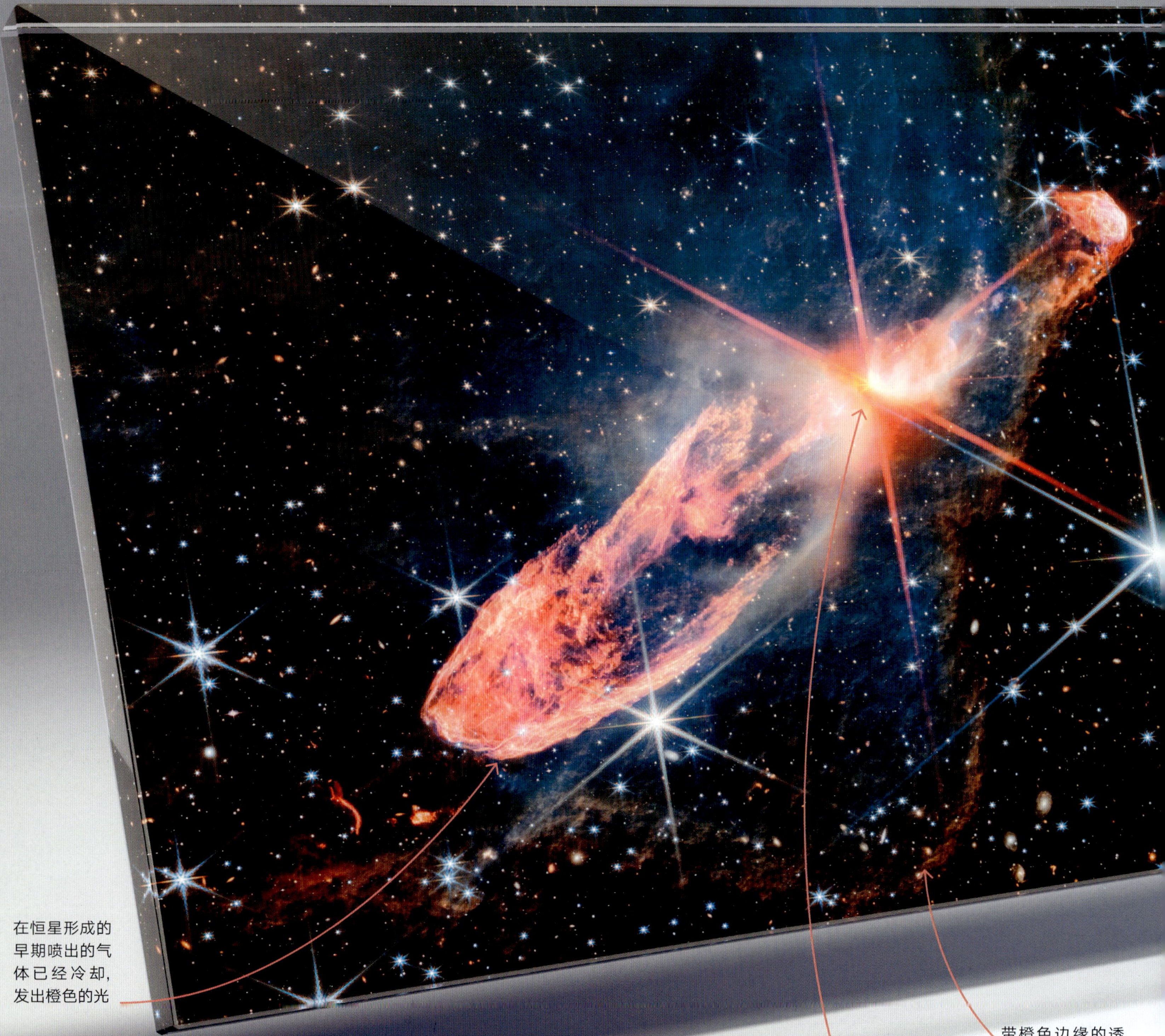

在恒星形成的早期喷出的气体已经冷却，发出橙色的光

带橙色边缘的透明蓝色区域是一片星云——由尘埃和气体组成的云团

由于望远镜镜片反射的红外线，星暴的中心显示为红色，这也显示出了两颗原恒星的位置

问号

韦布空间望远镜拍摄的图像还捕捉到了大量位于 HH 46/47 之外的遥远恒星和星系。这些发光体中有一个特别吸引人，因为它看起来像一个问号。它的起源如今还是个谜，但天文学家认为它可能是一对碰撞星系。

虽然 HH 46/47 现在非常明亮，但总有一天它的亮度会被这对原恒星超过。

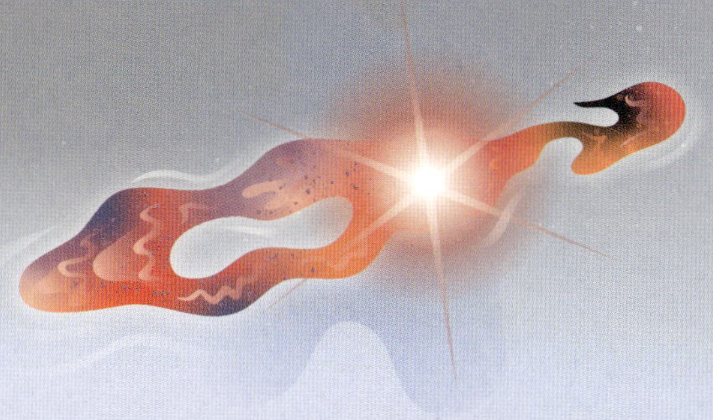

这些恒星抛出的气体喷流以 300 千米 / 秒的速度行进。

肉眼看去，HH46/47 不是这个样子的。美国航天局的韦布空间望远镜探测到了近红外光，再将其转化为我们可以看到的颜色，才产生了这张照片。

恒星双胞胎

这个新形成的恒星系统中里的尘埃被清除之后，一对被引力紧紧绑定在一起的一对婴儿恒星被揭示出来，这个系统被称为赫比格–阿罗 46/47（HH 46/47）。这些年轻的恒星被称为原恒星，它们一直在吞噬周围尘埃盘中的物质。为了保持稳定，恒星向相反的两个方向射出两股巨大的气体喷流。当喷流在太空中与尘埃和气体高速碰撞时，就形成了被称为赫比格–阿罗天体的发光云团。

位置

HH 46/47 位于船帆座。

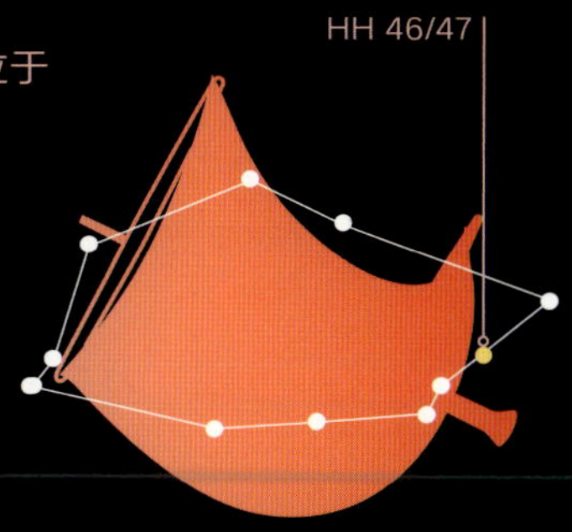

与地球的距离

1470 光年。

大小

这个双向的喷流跨度约 **3.1 光年**。

年龄

这对原恒星的年龄

只有几千年。

它们还需要数百万年才能完全形成恒星。

发现

美国天文学家理查德·D. 施瓦茨在 1977 年发现了 HH 46/47，荷兰裔美国天文学家巴特·博克在 1978 年首先发现了它的发光喷流。

名字由来

赫比格 - 阿罗天体是以美国天文学家乔治·赫比格和墨西哥天文学家吉列尔莫·阿罗的名字命名的，他们两人都在 20 世纪 40 年代研究过这些天体。

系外行星

长久以来，科学家都认为我们的太阳并不是唯一拥有行星的恒星。然而，探测太阳系外的行星（也就是系外行星）是很困难的，因为行星不像恒星那样会发光。但科学家已经找到了搜寻它们的技术，比如寻找恒星的星光颜色或亮度的微小变化，这就是行星在绕恒星轨道上运行的线索。利用这些技术，科学家已经发现了数千颗系外行星。它们太小，距离又太远，无法拍摄图像，但航天机构已经制作了影像，向我们展示了它们近距离看起来的样子。

科学家认为，银河系中有超过1000 亿颗系外行星。

冰质巨行星

与太阳系类似，行星离恒星越远，温度就越低。在某一距离，即“雪线”之外，与海王星质量相似的冰质巨行星是很常见的。

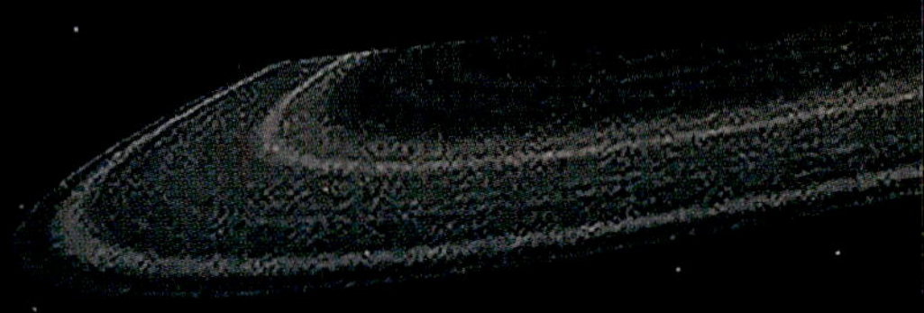

HD209458b

这颗行星离它的类太阳恒星只有 700 多万千米，这个距离实在是近到令人不安。每秒钟，行星大气层会有大约 1 万吨气体蒸发进入太空。

WASP-31b

这颗行星的质量大约是木星的一半，但体积却大得多。它的密度比棉花糖还小，是迄今为止发现的密度最小的行星之一。

WASP-17b

韦布空间望远镜在这颗巨大的、类似木星的行星云层中发现了微小的石英晶体，这颗行星的轨道离它的恒星非常近。科学家认为，这些晶体的形成是由于这颗行星大气的高温和高压。

第一批系外行星是在 1992 年发现的，到现在已经确认了 5000 多颗。

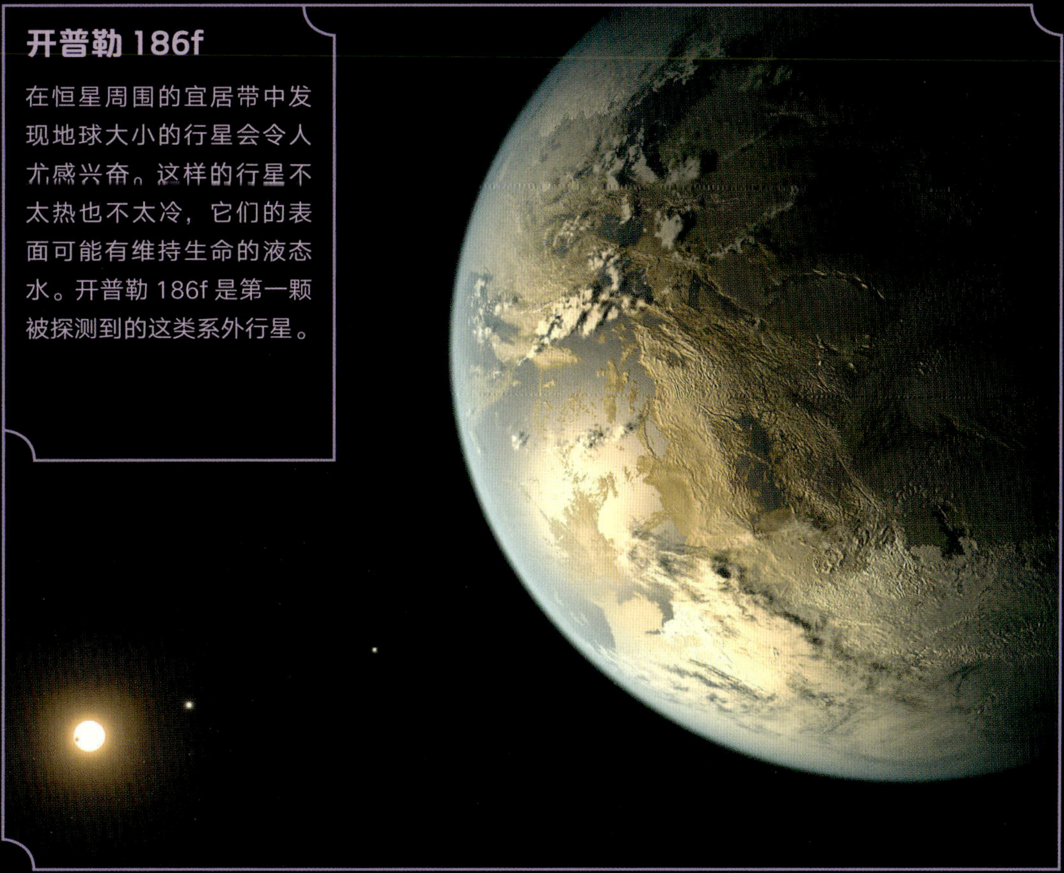

开普勒 186f

在恒星周围的宜居带中发现地球大小的行星会令人尤感兴奋。这样的行星不太热也不太冷，它们的表面可能有维持生命的液态水。开普勒 186f 是第一颗被探测到的这类系外行星。

HD189733b

科学家估计这颗气态巨行星上的风速为 8690 千米 / 时。它们激起蓝色的云，降下硅酸盐雨，地球上广为人知的玻璃的成分就是硅酸盐。

WASP-19b

WASP-19b 的质量比木星大，其轨道到其恒星的距离是地球与太阳距离的 1/60。这颗行星每 19 小时就绕它的恒星运行一圈——只有如此快的速度才使它不会掉进恒星里。

这些蓝白色恒星比它们的邻居年轻得多，温度也高得多

这些红色和橙色的恒星是最古老的，当它们到达生命的尽头时，体积会变大，温度会变低，颜色也会变暗

武仙座球状星团也被称为 M13。在这张由哈勃空间望远镜拍摄的照片中，你可以看到这个壮观的星团是由成千上万颗独立的恒星组成的。

闪亮的光球

宇宙中一些最古老的恒星是在环绕大星系的大质量星团中发现的。武仙座球状星团围绕我们的银河系运行，包含 30 万到 50 万颗恒星。它的恒星通过自身的引力聚集在一起，形成了最终的闪亮光球。星团中的所有恒星几乎在同一时间形成。比较它们的不同特性有助于天文学家研究恒星是如何演化的。

武仙座球状星团中心处恒星密度最大，比我们太阳附近的恒星要稠密 100 多倍。

恒星之城

银河系包含 160 多个已知的球状星团。它们绕着银河系的中央核球旋转。银盘里还有由较少恒星组成的松散星团，即疏散星团。科学家们估计，银盘中可能有多达 2000 个疏散星团。

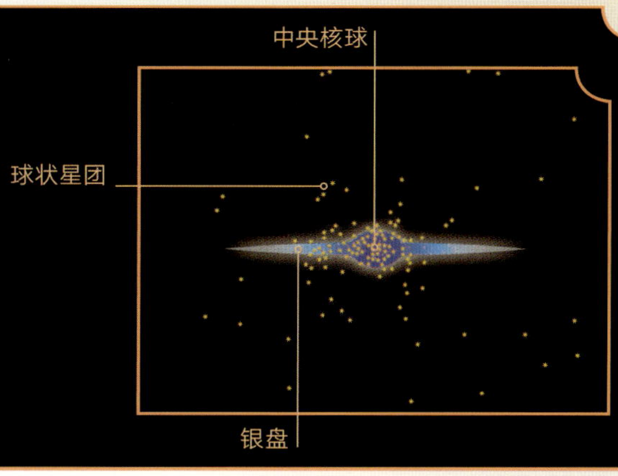

位置

这个著名的球状星团位于武仙座方向。人们有时不用望远镜也能在北天球看到它，它看起来像一颗模糊的星星。

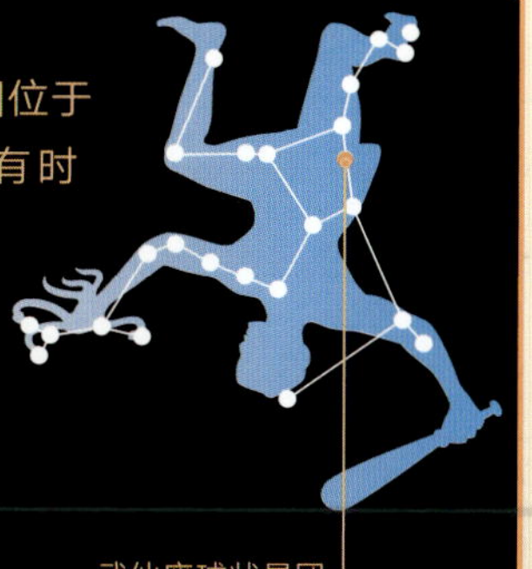

大小

这个球状星团的直径约为

145 到 165 光年。

与地球的距离

该星团距离地球约

25000 光年。

年龄

科学家认为，武仙座球状星团中的大多数恒星是在大约 130 亿年前形成的。宇宙本身被认为有 138 亿年的历史。我们的太阳要年轻得多，大约 46 亿年。

超级星团

半人马座 ω 星团是银河系中最明亮也最大的球状星团，包含大约 1000 万颗恒星。在南半球的天空中可以看到这个星团，看起来几乎和月亮一样大小。

宇宙大碰撞

球状星团中的恒星有时会发生碰撞，产生中子星、黑洞，或者被称为蓝离散星的新恒星。

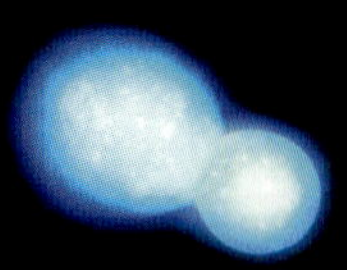

疏散星团

距离地球大约 5000 光年，在玫瑰星云的中心，坐落着一个被称为 NGC 2244 的疏散星团。疏散星团是一团松散成群的年轻恒星，它们都在同一时间形成。NGC 2244 中恒星的辐射使周围的星云发光。

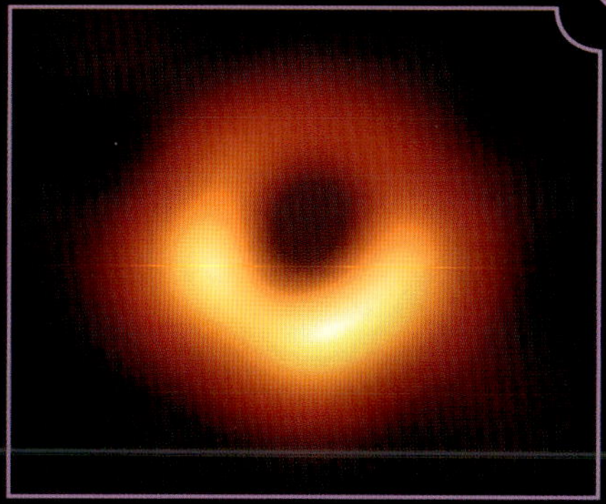

第一张黑洞照片

2019 年，行星大小的事件视界望远镜（由 8 个射电望远镜组成的阵列，遍布地球表面）拍摄到了第一张显示黑洞存在的图像。这张照片显示了位于 M87 星系中心的超大质量黑洞 M87* 的形状。黑洞的轮廓被尚未通过事件视界的发光物质勾勒出来。

霍尔姆 15a 星系中心的超大质量黑洞大约是太阳质量的 400 亿倍。

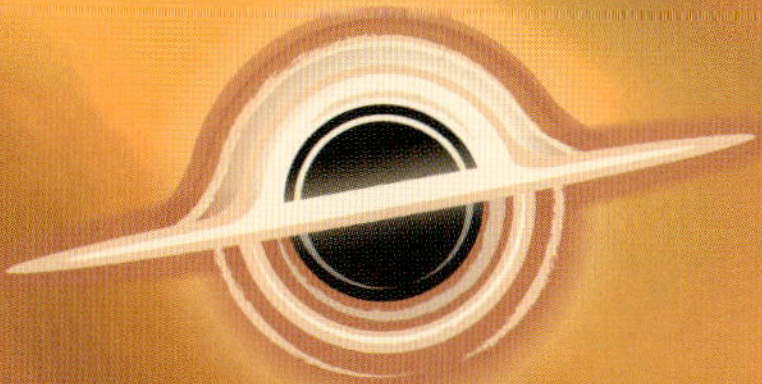

黑洞的类型

- **恒星质量黑洞**

  当大质量的恒星以超新星爆发的形式死亡时，它的外层会被抛撒进入太空。内层坍缩成一个密度无限的致密核心，称为奇点，形成一个黑洞。

- **超大质量黑洞**

  巨大的气体云会在自身引力的作用下坍缩，此时在恒星之间的空间就会形成超大质量黑洞。这种类型的黑洞位于大多数星系的中心，也有一个奇点。

宇宙碰撞

阿尔伯特·爱因斯坦的广义相对论预言了黑洞的存在。爱因斯坦还正确地预测，当两个黑洞并合时，剧烈的碰撞会发出引力波，在太空中荡漾。

时间停止

你离黑洞越近，（从外面看起来）时间流逝得就越慢。黑洞内部会发生什么仍然是个谜。

词语表

暗物质 被认为存在于太空中的不可见物质。天体物理学家认为暗物质和暗能量占宇宙的95%。

暗星云 太空中不发光的气体或尘埃云，它完全遮挡了其背后恒星发出的光。

奥尔特云 拥有冰冷的类彗星物体的一片巨大的球体区域，它被认为围绕着太阳并形成了太阳系的最外层区域。

白矮星 一种很小的、暗淡的恒星。太阳最终会变成一颗白矮星。

冰火山 低温固态星体自内部向外喷出液体和气体的一种火山。

舱段 宇宙飞船或空间站的特定部分。

超巨星 一类巨大而明亮的恒星。

超新星 爆发规模最大的变星——测知亮度有变化的恒星。

冲击波 爆炸或以超声速运动的物体所产生的能量波。

大气 行星或恒星周围的一层气体。

等离子体 一种物质状态，在这种状态下，气体变得非常热，其原子分裂成带电粒子（离子）。

电磁波 一种能在太空中传播的能量波。射电波、可见光和X射线都是电磁波的不同形式。

返回舱 一种设计用来把航天员或样本等从太空带回地球的小型航天器。

放射性 放射性物质是由不稳定的原子组成的，这些原子在分裂时释放出高能辐射。

费米泡 在我们银河系中心上方和下方延伸的两个巨大的炽热气体泡。

辐射 物体以电磁波（如光）或粒子的形式释放的能量。

隔热罩 宇宙飞船的一部分，能保护其他部分不受太阳热量或发动机热量的影响。

构造板块 构成地球最外层岩石层的巨大碎片。构造板块的缓慢移动，会改变大陆的形状，引发地震和火山爆发。

光度 某种天体（比如星星）的亮度。

轨道 在太空里一个天体在空间中绕着一个更大的天体运动时所走的曲线路径。例如，地球在轨道上绕太阳运行。

轨道飞行器 设计用来绕某个天体运行但不着陆的航天器。

核聚变 两个原子核结合形成一个更重的原子核并释放大量能量的过程。

赫比格-阿罗天体 新生恒星附近明亮的气体和尘埃斑。

褐矮星 一种比恒星小但比行星大的天体，它会产生热量，但几乎不发光。也被称为亚恒星。

黑洞 一个具有强大引力的空间区域，它能吸引任何靠得太近的东西，甚至光。

恒星 会发光发热的巨大气体球。

红巨星 表面温度相对较低的大恒星，因此呈现微红的颜色。红巨星正接近恒星一生的最后阶段。

红新星 由两颗恒星并合引发的爆炸现象。红新星发出独特的红光。

彗发 彗星周围光亮的气体和尘埃云。

彗核 彗星的固体核心。

彗星 绕太阳运行的由尘埃和冰组成的大型固态物体。当它靠近太阳时，冰开始蒸发，形成两条尾巴，一条由尘埃构成，另一条由气体构成。

火星车 一种用于探测火星表面的轮式交通工具机器人。

极超新星 一类异常强大的超新星。

极光 在某些行星的两极附近出现的彩色光象。

伽利略卫星 指木星四颗最大的卫星（木卫一、木卫二、木卫三和木卫四）。它们被称为伽利略卫星，因为它们是由意大利科学家伽利略·伽利莱首先发现的。

晶体 具有一定结构特性的固体，通常有自然形成平边和直边的规则形状。

飓风 一种巨大的、旋转的风暴，有强风和从中心盘旋而出的云带。

柯伊伯带 太阳系中海王星轨道之外的一大片区域，这里有许多小的冰冻天体，称为柯伊伯带天体。

可见光 是电磁波谱中，人眼可以感知的部分。

矿物 天然的、具有相对固定化学组成和确定晶体结构的固体物质。岩石是由矿物构成的。

雷达 利用无线电波及其反射来探测和研究远处物体的装置。

脉冲星 在旋转时发出辐射脉冲的一类中子星。

奇点 时空中的一个点，在这里物质被引力压缩到无限小的空间中。目前已知的奇点都存在于黑洞中。

气候 某一地区典型的年度天气特征。

球状星团 球形的巨大的恒星集合，由古老的恒星组成，紧密地聚集在一起。

日珥 从太阳表面喷出的巨大的火焰状的环形等离子体。

日冕 太阳大气层的最外层，发生日全食的时候可以呈现为白色的光晕被观测到。

日全食 月球完全遮挡住太阳的现象。

射电波 一种能量低、波长长的电磁波。射电望远镜被用来探测来自遥远恒星和星系的无线电波。

深场 黑暗天空一部分的图像，它显示出非常暗弱和遥远的物体。

生物多样性 地球上生命的多种多样的特点。生物多样性高的地区有许多不同种类的生物。

石铁陨星 一种金属基质中嵌有含量大体相同的硅酸盐的陨星。

事件视界 黑洞周围的边界。任何东西穿过它之后都无法逃脱。

疏散星团 在一个星系中通常由年轻的恒星组成的松散星群。

太空行走 在执行任务期间，航天员穿着舱外服走出宇宙飞船的活动。也叫舱外活动。

太阳粒子 太阳释放出的高能带电粒子。

太阳能电池板 利用太阳光发电的装置。

太阳耀斑 太阳表面的一部分变亮的过程，伴随着大量电磁能量的释放。

天线 用来发送和接收信号的装置。

椭圆星系 形状类似球体或橄榄球的星系，具有圆形或椭圆形外观。椭圆星系没有银河系那样的旋臂。

外壳 地球、其他行星或月球坚硬的最外层，通常由岩石构成。

微快门阵列 韦布空间望远镜上由 24.8 万个微小快门组成的网格，这些快门可打开，以同时收集视野中数百个不同天体的数据。

卫星 绕地球轨道运行的人造物体，或绕行星、恒星或星系运行的任何自然天体。

吸积盘 环绕恒星或黑洞形成的由气体和尘埃组成的旋转环。当盘里的物质被拉向中心时，它就会升温并发光。

系外行星 绕太阳以外的恒星运行的行星。

峡谷 一种深而陡峭的山谷，通常两边都有悬崖。

小行星 比行星小的一类岩质天体。大多数小行星在火星和木星之间绕太阳运行。

小行星带 太阳系中位于火星和木星轨道之间的区域，此处的小行星数目最多。

星风 来自恒星的带电粒子流，太阳的恒星风被称为太阳风。

星系 由上千到数万亿颗恒星、气体和尘埃等星际物质组成的集合，在引力作用下聚集在一起。

星云 太空中巨大的气体和尘埃云。

星座 根据星星组成特定图案而命名的天空区域。

行星 围绕恒星运行的一种球形天体，其质量足够大，可以清除其轨道上的碎片（不同于矮行星）。

行星状星云 生命终结的恒星周围发光的气体云。

旋涡星系 一种星系，它有一个扁平的圆盘，由被称为旋臂的旋涡状结构组成。仙女座星系就是一个旋涡星系。

宜居带 太阳系的一个区域。在这里，行星上可以存在液态水，让生命可能生存。

引力 把所有有质量和能量的物体相互拉向对方的力。在引力作用下，卫星绕着行星运行，行星绕着太阳运行。

宇宙大爆炸 一百多亿年前的猛烈爆炸。科学家认为这次爆炸创造了宇宙。

宇宙飞船 设计用于太空旅行的飞行器。

原恒星 处于形成早期阶段的恒星，由坍缩的分子云的中心组成，通过吸积周围的物质而升温和增长。

原行星盘 一个围绕着一颗年轻恒星的巨大的、扁平的气体和尘埃盘，其中可以形成行星。

月全食 地球的影子完全遮蔽月球的现象。

月相 月球被太阳照亮的一部分。月球大约每 30 天经历一次不同的朔望周期。

陨击坑 由快速移动的物体（如小行星）撞击而在行星或卫星表面留下的大洞。

着陆器 设计用于在行星或其他太空物体表面着陆的航天器。

质子 原子核（原子中心）中带正电的粒子。

中子 原子核（原子中心）中不带电的粒子。

中子星 坍缩之后主要由中子组成的致密恒星。

紫外线 太阳发出的一种不可见的光，其波长比可见光短但比 X 射线长。

X 射线 波长比紫外线短但比伽马射线长的电磁辐射。

γ 射线 是能量最高的电磁辐射形式，波长最短。在宇宙中，γ 射线是由宇宙中能量最高的天体产生的。

致谢

英国DK公司谨向以下人员致以诚挚的谢意，感谢他们在本书出版过程中所提供的宝贵支持与协助：史蒂夫·霍夫曼负责资料核对，杰奎·斯旺和克莱尔·沃森提供设计协助，斯蒂芬·约翰逊完成图像重采样工作，史蒂夫·克罗泽负责图像修饰，凯蒂·约翰承担校对任务，卡伦·布朗负责整理工作。

出版商感谢以下组织与个人允许二次使用他们的照片：

（缩写：A-上方；B-下方/底部；C-中央；F-远处；L-左方；R-右方；T-顶部）

1 NASA: ESA, N. Smith (U. California, Berkeley) et al., and The Hubble Heritage Team (STScI/AURA). **2-3 NASA**: ESA, CSA, STScI. **2 Alamy Stock Photo**: NASA/JPL-Caltech/SwRI/MSSS/ Prateek Sarpal/Futuras Fotos (br). **3 ESO**: (bl). **6-7 NASA**: Goddard/SDO. **8-9 Miloslav Druckmüller**. **10 NASA**: Johns Hopkins APL/Naval Research Laboratory/Guillermo Stenborg and Brendan Gallagher (clb). **10-11 ESA**: NASA/Johns Hopkins APL/ Steve Gribben. **11 NASA**: Johns Hopkins APL/Ben Smith (br). **12-13 Science Photo Library**: NASA'S GODDARD SPACE FLIGHT CENTER SCIENTIFIC VISUALIZATION STUDIO, THE SDO SCIENCE TEAM, AND THE VIRTUAL SOLAR OBSERVATORY. **14 NASA**: Johns Hopkins University Applied Physics Laboratory/Carnegie Institution of Washington (tl). **14-15 NASA**: Johns Hopkins University Applied Physics Laboratory/Carnegie Institution of Washington. **16-17 NASA**: Johns Hopkins University Applied Physics Laboratory/Arizona State University/Carnegie Institution of Washington. Image reproduced courtesy of <i>Science</i>/AAAS.. **18-19 123RF.com**: Natalia Romanova (background). **ESA**: ATG medialab. **Science Photo Library**: European Space Agency/ATG Medialab (b). **18 NASA**: Johns Hopkins University Applied Physics Laboratory/Carnegie Institution of Washington (bl). **19 123RF.com**: Ricard Vaque (www.vaque.com) (br/blackboard). **NASA**: (crb). **20 NASA**: JPL (tl). **20-21 Kevin M. Gill**: (c). **21 ESO**: NASA (br). **22-23 Science Photo Library**: NASA. **24-25 Alamy Stock Photo**: UPI Photo/NASA. **26 Alamy Stock Photo**: Science History Images/ Photo Researchers (tc). **naturepl.com**: Tui De Roy (c). **Shutterstock.com**: Alex Brylov (bc); ikumaru (clb). **26-27 Getty Images/iStock**: E+/guenterguni (tc). **Shutterstock.com**: sasha_gerasimov (cb). **27 naturepl.com**: Maxime Aliaga (r). **28-29 NASA**: Goddard MODIS Rapid Response Team. **30-31 Biosphoto**: Christophe Suarez. **31 123RF.com**: swavo (fbr). **NASA**: (bc); JPL/STScI (bl). **Science Photo Library**: NASA/ESA/STSCI (fbl). **Shutterstock.com**: Paniti Alapon (br). **32-33 NASA**. **33 Alamy Stock Photo**: NASA (bc). **34-35 ESA**: NASA-S.Cristoforetti/R. Rossi. **36-37 Andrew McCarthy**: (c). **36 Getty Images**: Future/All About Space Magazine/Illustration by Tobias Roetsch (tl). **38-39 Science Photo Library**: Lynette Cook. **40 Alamy Stock Photo**: Dipper Historic (bl). **Dreamstime.com**: Bruno Metal (cla). **NASA**: (br). **Science Photo Library**: Carlos Clarivan (cl, clb). **40-41 NASA**. **42-43 ESA**: NASA. **44 Dreamstime.com**: Matthew Trommer/ Mtrommer (ftl). **NASA**: Joel Kowsky (tl). **44-45 ESA**: NASA. **45 Alamy Stock Photo**: NASA (cb). Dreamstime.com: Zaur Rahimov (tr). **Science Photo Library**: European Space Agency - D. Ducros (cr). **46-47 ESA**: DLR/FU Berlin/G. Michael. **48-49 NASA**: JPL-Caltech/University of Arizona/ NASA Goddard Space Flight Center. **50-51 ESA**: DLR/FU Berlin (G. Neukum) (c). **NASA**: JPL-Caltech/Cornell/ASU (b). **50 Andrea Luck**: creativecommons.org/ licenses/by/4.0/deed.en (tl). **51 NASA**: DLR/FU Berlin/Bill Dunford (tl); JPL/ Cornell (tr). **Science Photo Library**: NASA/JPL/University Of Arizona (br). **52-53 ESA**: DLR/FU Berlin. **54-55 Dreamstime.com**: Fukume. **55 NASA**: ESA/DLR/FU-Berlin/JPL-Caltech (cb); JPL-Caltech/ASU (tl, br). **56-57 NASA**: JPL-Caltech/UCLA/MPS/DLR/IDA. **57 NASA**: JPL-Caltech/UCLA/MPS/DLR/ IDA/PSI (tr). **58 ESO**: JAXA (cra). **Getty Images**: Hulton Archive/NASA/Stringer (tl). **58-59 Getty Images**: NASA/ JPL-Caltec/Handout (b). **59 Alamy Stock Photo**: JAXA via AP (br). **NASA**: JPL/USGS (tl, cra). **60 Alamy Stock Photo**: Susan E. Degginger (ftl). **Dreamstime.com**: Adwo (tc). **Shutterstock.com**: Muellek (tl). **60-61 Bridgeman Images**: Christie's Images. **62-63 Science Photo Library**: Herve Conge, ISM. **64-65 123RF.com**: Natalia Romanova. **University of Arizona**: NASA Goddard Space Flight Center (c). **64 NASA**: Goddard/University of Arizona (bl). **65 NASA**: (br); Keegan Barber (cra); Erika Blumenfeld & Joseph Aebersold (c). **66-67 Alamy Stock Photo**: NASA/JPL-Caltech/SwRI/MSSS/ Prateek Sarpal/Futuras Fotos. **67 Getty Images/iStock**: lushik (br). **68-69 Kevin M. Gill**. **70 NASA**: JPL/University of Arizona (tl, ca); JPL/DLR (tc). **70-71 NASA**: JPL-Caltech/SwRI/MSSS/ Thomas Thomopoulos (bc); JPL/ University of Arizona (t). **71 NASA**: JPL-Caltech/SwRI/MSSS/Thomas Thomopoulos (ca); JPL/DLR (bc); JPL/ University of Arizona (tr). **72-73 NASA**: JPL. **73 NASA**: JPL-Caltech/SSI/ Hampton University (tc); JPL-Caltech/ Space Science Institute (cr). **74-75 NASA**: JPL-Caltech/SSI. **76 NASA**: JPL/ Space Science Institute (cl, cr, bc). **76-77 NASA**: JPL-Caltech/Space Science Institute (bc). **77 Alamy Stock Photo**: NASA Image Collection (br). **NASA**: JPL-Caltech/ Space Science Institute (tl, bc); JPL/ Space Science Institute (cr); JPL/ University of Arizona/University of Idaho (cl). **78-79 123RF.com**: Natalia Romanova. **78 Dreamstime.com**: Alona Stepaniuk (cl). ESA: (bl). 79 ESA: (br). **80-81 NASA**: JPL-Caltech. **81 ESA**: NASA, CSA, STScI (br). **University of Leicester**: (crb). **82-83 NASA**: JPL/ Voyager 2. **83 Dreamstime.com**: Wektorygrafika (br). **ESA**: NASA/CSA and STScI (tc). **84-85 Alamy Stock Photo**: NASA/digitaleye/J Marshall - Tribaleye Images. **86 123RF.com**: solarseven (br). **86-87 Science Photo Library**: Rev. Ronald Royer. **87 ESO**: E. Slawik (bl). **Getty Images**: 500px/Jim Miller (br). **88-89 123RF.com**: Natalia Romanova (background). **ESA**: –C. Carreau/ATG medialab. **89 NASA**: Rosetta/Philae/ CIVA (br). **90 NASA**: Johns Hopkins University Applied Physics Laboratory/ Southwest Research Institute (tl). **90-91 NASA**: Johns Hopkins University Applied Physics Laboratory/Southwest Research Institute. **91 NASA**: Johns Hopkins University Applied Physics Laboratory/Southwest Research Institute (cra, cr, cb). **92 123RF.com**: martialred (bl). **Dreamstime.com**: Alexoakenman (clb/rocket); Stockvectorwin (clb). **92-93 NASA**: S. Beckwith (STScI) Hubble Heritage Team, (STScI/AURA), ESA. **94-95 Rachel Roberts**. **96 Alamy Stock Photo**: NASA Image Collection (DAPHNIS). **ESA/Hubble**: ESA, the Hubble Heritage Team (STScI/ AURA)-ESA/Hubble Collaboration and A. Evans (Univer (ARP 148). **NASA**: JPL-Caltech/SwRI/MSSS/Thomas Thomopoulos (EUROPA); JPL/ University of Arizona (IO); JPL/DLR (Callisto, Ganymede); JPL/Space Science Institute (ENCELADUS, DIONE, HYPERION, IAPETUS); JPL/University of Arizona/University of Idaho (TITAN); JPL-Caltech/Space Science Institute (PHOEBE, Pan, MIMAS); ESA, CSA, STScI, Webb ERO Production Team (Tarantula, Cartwheel); ESA, the Hubble Heritage (STScI/AURA)-ESA/Hubble Collaboration, and A. Evans (University of Virginia, Charlottesville/NRAO/Stony Brook University) (ESO 593-8). **97 Alamy Stock Photo**: NASA/ digitaleye/J Marshall - Tribaleye Images (Pluto). **ESO**: Event Horizon Telescope Consortium (M87). **98-99 NASA**: ESA, CSA, STScI. **99 123RF.com**: swavo (crb). **Alamy Stock Photo**: Science Photo Library/Mark Garlick (bc). **Dreamstime.com**: DreamStockIcons (crb/Milky way). **100-101 NASA**: ESA, CSA, Leah Hustak (STScI). **102-103 123RF.com**: Natalia Romanova. **102 TurboSquid**: EGPJET3D (tc, tr, br, tl). **103 Dreamstime.com**: Sergey Shvedov (br). **TurboSquid**: EGPJET3D (tl, tc, c, clb). **104-105 NASA**: Desiree Stover. **106 NASA**: ESA, CSA, STScI, Webb ERO Production Team (tl, bl); ESA, CSA, STScI, Klaus Pontoppidan (NASA-JPL), Joel Green (STScI) (br). **106-107 NASA**: ESA, CSA, STScI (t). **107 ESA**: NASA, CSA, STScI, and K. Luhman (Penn State University) and C. Alves de Oliveira (European Space Agency) (tr). **NASA**: ESA, CSA, STScI (tc); ESA, CSA, STScI, Danny Milisavljevic (Purdue University), Ilse De Looze (UGent), Tea Temim (Princeton University) (bl). **108 Alamy Stock Photo**: Science History Images/ Photo Researchers (cla). **NASA**: ESA, N. Smith (University of California, Berkeley), and The Hubble Heritage Team (STScI/AURA); (bc); James Gitlin/ STScI (clb). **108-109 ESA/Hubble**: NASA, N. Smith (University of Arizona, Tucson), and J. Morse (BoldlyGo Institute, New York). **110-111 ESA/ Hubble**: NASA, the Hubble Heritage Team (AURA/STScI). **NASA**: ESA, and Z. Levay (STScI) (b). **112-113 ESA**: NASA, CSA, STScI, K. Pontoppidan (STScI), A. Pagan (STScI). **113 Antoine Grelin - www.galactic-hunter.com/**: (bc/Cloud complex). **ESA**: NASA, CSA, STScI, K. Pontoppidan (STScI), A. Pagan (STScI) (bc). **ESO**: NASA/ESA (br); S. Guisard (www.eso.org/~sguisard) (bl). **114-115 ESA**: NASA, CSA, STScI; J. DePasquale, A. Koekemoer, A. Pagan (STScI).. **116-117 ESO**. **118 ESA/Hubble**: NASA, Dan Maoz (Tel-Aviv University, Israel, and Columbia University, USA) (tl). 118-119 123RF.com: Natalia Romanova (background). **Dorling Kindersley**: Andy

Crawford. **119 ESA/Hubble**: NASA (cr). Getty Images: Pat Gaines (br). **NASA**: ESA, and G. Bacon (STScI) (cra); ESA, H. Teplitz (IPAC, Caltech), M. Rafelski (IPAC, Caltech), Anton M. Koekemoer (STScI), Rogier Windhorst (ASU), Zolt G. Levay (STScI) (crb). **120-121 NASA**. **122-123 NASA**: ESA, CSA, STScI, Tea Temim (Princeton University).
122 Alamy Stock Photo: World History Archive (clb). **NASA**: CXC/HST/ASU/J. Hester et al.; (tc). **124-125 ESA**: Webb, NASA, CSA, T. Ray (Dublin Institute for Advanced Studies).
124 ESA: Webb, NASA, CSA, T. Ray (Dublin Institute for Advanced Studies) (bl). **126-127 NASA**: ESA, and the Hubble Heritage Team (STScI/AURA).
127 Alamy Stock Photo: Steven Milne (tc). **128-129 ESA**: NASA, CSA, J. DePasquale (STScI). **129 123RF.com**: swavo (crb). **130 NASA**: ESA (b). **130-131 NASA**: NASA's Goddard Space Flight Center/Francis Reddy (t). **131 NASA:** Ames/SETI Institute/JPL-Caltech (bl); ESA (cr/x2). **132-133 ESA/Hubble**: NASA, R. Cohen. **133 ESO**: (crb). **Science Photo Library**: Mark Garlick (br). **134-135 Dr. Mehmet Hakan ÖZSARA**. **136 Alamy Stock Photo**: Science History Images/Photo Researchers (tc); Mark Garlick/Science Photo Library (bl). **Dreamstime.com**: Ljubisa Sujica (clb). **136-137 ESA/Hubble**: NASA, M. Robberto (Space Telescope Science Institute/ESA) and the Hubble Space Telescope Orion Treasury Project Team. **138-139 Alamy Stock Photo**: Ken Crawford/Stocktrek Images. **139 Alamy Stock Photo**: History and Art Collection (crb). **Dreamstime.com**: Alexandr Yurtchenko (bc). **Science Photo Library**: Robert Gendler (br). **140 Alamy Stock Photo**: NG Images (clb/ELLIPTICAL); Science History Images (clb). **ESA/Hubble**: NASA (clb/BIPOLAR). **140-141 NASA**: ESA/Webb, CSA, M. Barlow (UCL), N. Cox (ACRI-ST), R. Wesson (Cardiff University). **142-143 NASA**: ESA, and the Hubble SM4 ERO Team. **142 ESA/Hubble**: NASA (clb). **NASA**: H.E. Bond and E. Nelan (Space Telescope Science Institute, Baltimore, Md.); M. Barstow and M. Burleigh (University of Leicester, U.K.); and J.B. Holberg (University of Arizona) (br). **144-145 NASA**: ESA, CSA, STScI. **144 NASA**: CXC/SAO; IR (Spitzer)/JPL-Caltech; IR (Webb)/ESA/CSA/STScI (tc). **Shutterstock.com**: Cinefootage Visuals (cl); Yavier Mendoza (clb). **146 ESA/Hubble:** NASA, the Hubble Heritage Team (STScI/AURA)-ESA/Hubble Collaboration and A. Evans (University of Virginia, Charlottesville/NRAO/Stony Brook University) (cra); NASA, ESA, the Hubble Heritage Team (STScI/AURA)-ESA/Hubble Collaboration and A. Evans (University of Virginia, Charlottesville/NRAO/Stony Brook University) (bl). **NASA**: ESA, the Hubble Heritage (STScI/AURA)-ESA/Hubble Collaboration, and A. Evans (University of Virginia, Charlottesville/NRAO/Stony Brook University) (tl). **147 ESA/Hubble**: ESA, the Hubble Heritage Team (STScI/AURA)-ESA/Hubble Collaboration and A. Evans (Univer (br). **NASA**: ESA, the Hubble Heritage (STScI/AURA)-ESA/Hubble Collaboration, and A. Evans (University of Virginia, Charlottesville/NRAO/Stony Brook University) (tl); ESA, the Hubble Heritage (STScI/AURA)-ESA/Hubble Collaboration, and K. Noll (STScI) (tr); ESA, and Z. Levay (STScI) (bl). **148-149 NASA**: ESA, S. Beckwith (STScI), and The Hubble Heritage Team (STScI/AURA). **148 NASA**: Robert P. Kirshner/Harvard-Smithsonian Center for Astrophysics, (br). **149 123RF.com:** swavo (crb). **150 Dreamstime.com**: Archangel80889 (cb/cloud). **Getty Images/iStock**: rvika (bc). **Max Planck Institute of Radioastronomy**: Mark Myers/OzGrav-Swinburne, licence CC BY-NC-ND, Created with UniverseSandbox (cl). **Shutterstock.com**: Gilbert - Illustration (cb).
151 Carnegie Institution for Science: Robin Dienel/Carnegie Science. **152 ESO**: Event Horizon Telescope Consortium (br, bc). **152-153 Science Photo Library**: Alfred Pasieka. **153 ESO**: Event Horizon Telescope Consortium (tr). **Science Photo Library**: Mark Garlick (bc)

Cover images: *Front:* **ESA/Hubble**: NASA, N. Smith (University of Arizona, Tucson), and J. Morse (BoldlyGo Institute, New York) bc; **NASA**: ESA, Massimo Robberto (STScI, ESA), Hubble Space Telescope Orion Treasury Project Team tl, ESA, N. Smith (U. California, Berkeley) et al., and The Hubble Heritage Team (STScI/AURA) bl; **Dr. Mehmet Hakan ÖZSARA**: c; **Shutterstock.com**: Dima Zel tr; *Back:* **123RF.com**: Natalia Romanova cr/ (background), bl/ (background); **Alamy Stock Photo**: Steven Milne bc, NASA/JPL-Caltech/SwRI/MSSS/Prateek Sarpal/Futuras Fotos cl; **Dorling Kindersley**: Andy Crawford cr; **ESO**: tc; **NASA**: Johns Hopkins University Applied Physics Laboratory/Arizona State University/Carnegie Institution of Washington. Image reproduced courtesy of <i>Science</i>/AAAS. cra, JPL/Space Science Institute tl